U0151542

人工智能伦理译丛

译丛主编 杜严勇

负责任的人工智能何以可能？

【瑞典】弗吉尼亚·迪格纳姆◎著

谢蓉蓉 陈明晰 程国建◎译

上海交通大学出版社
SHANGHAI JIAO TONG UNIVERSITY PRESS

内容提要

本书为人工智能伦理译丛之一。主要介绍了人工智能的概念、人工智能系统伦理决策所基于的不同伦理理论、人工智能系统开发的 ART 原则、实施伦理推理的具体方法、确保负责任地开发人工智能的社会要素,并展望了与人工智能和超级智能相关的未来。本书适合人工智能科技、科技哲学与科技伦理相关领域的研究者以及对此话题感兴趣的公众阅读。

上海市版权局著作权合同登记号:图字:09-2021-127

图书在版编目(CIP)数据

负责任的人工智能何以可能?/ 杜严勇主编;谢蓉蓉,陈明晰,程国建译. —上海:上海交通大学出版社,2023.3

书名原文:Responsible Artificial Intelligence : How to Develop and Use AI in a Responsible Way

ISBN 978-7-313-28360-3

Ⅰ.①负… Ⅱ.①杜… ②谢… ③陈… ④程… Ⅲ.①人工智能—技术伦理学—研究 Ⅳ.①TP18②B82-057

中国国家版本馆 CIP 数据核字(2023)第 043442 号

负责任的人工智能何以可能?
FUZEREN DE RENGONG ZHINENG HEYI KENENG?

译丛主编:杜严勇　　著　　者:[瑞典]弗吉尼亚·迪格纳姆
译　　者:谢蓉蓉　陈明晰　程国建
出版发行:上海交通大学出版社　　地　　址:上海市番禺路 951 号
邮政编码:200030　　电　　话:021-64071208
印　　制:上海新艺印刷有限公司　　经　　销:全国新华书店
开　　本:880 mm×1230 mm　1/32　　印　　张:6
字　　数:122 千字
版　　次:2023 年 3 月第 1 版　　印　　次:2023 年 3 月第 1 次印刷
书　　号:ISBN 978-7-313-28360-3
定　　价:58.00 元

告读者:如发现本书有印装质量问题请与印刷厂质量科联系
联系电话:021-33854186

译丛前言 | Foreword

关于人工智能伦理研究的重要性，似乎不需要再多费笔墨了，现在的问题是如何分析并解决现实与将来的伦理问题。虽然这个话题目前是学术界与社会公众关注的焦点之一，但由于具体的伦理问题受到普遍关注的时间并不长，理论研究与社会宣传都有很多工作需要开展。同时，伦理问题对文化环境的高度依赖性，以及人工智能技术的发展与应用的不确定性等多种因素，又进一步增强了问题的复杂性。

为了进一步做好人工智能伦理研究与宣传工作，引进与翻译一些代表性的学术著作显然是必要的。我们只有站在巨人的肩上，才能看得更远。因此，我们组织翻译了一批较新的且具有一定代表性的人工智能伦理著作，组成“人工智能伦理译丛”出版。本丛书的原著作者都是西方学者，他们很自然地从西方文化与西方人的思维方式出发来探讨人工智能伦理问题，其中哪些思想值得我们参考借鉴，哪些需要批判质疑，相信读者会给出自己公正的评判。

感谢本丛书翻译团队的各位老师。学术翻译是一项费心费力的工作，从事过这方面工作的老师都知道个中滋味。特别感谢哈尔滨工程大学外国语学院的毛延生教授、周薇薇副教授团队，他们专业的水平以及对学术翻译的热情令人敬佩。

上海交通大学出版社对本丛书的出版给予大力支持，特别是崔霞老师、蔡丹丹老师、马丽娟老师等对丛书的出版做了大量艰苦细致的工作，令我深受感动。上海交通大学出版社的编辑团队对丛书的译稿进行了专业的润色修改，使丛书在保证原有的学术内容的同时，又极大地增强了通俗性与可读性，这是我完全赞同的。

本批著作共五本，是“人工智能伦理译丛”的第一辑。目前，我们已经着手进行第二辑著作的选择与翻译工作，敬请期待。恳请各位专家、读者对本丛书各方面的工作提出宝贵意见，帮助我们把这套书做得更好。

本丛书是2020年国家社科基金重大项目“人工智能伦理风险防范研究”(项目编号：20&ZD041)的阶段性成果。

杜严勇

2022年12月

前言 Foreword

最近几年，人工智能（AI）的功能和应用实现了大幅度的提升。几乎每天都有关于 AI 的技术进步和使用 AI 的社会影响的消息。人们不仅对 AI 能够帮助解决当前许多问题并支持所有人福祉的潜力寄予厚望，而且越来越关注 AI 对于加剧不平等、失业和战争等方面的影响。

正如斯图尔特·罗素（Stuart Russell）经常引用的诺伯特·维纳（Norbert Wiener）在 1960 年所说的话："我们最好完全确定赋予机器的目标就是我们真正想要的目标"。但是这个目标是什么呢？代词"我们"指的又是谁呢？在我看来，"我们"是指我们所有人：研究人员、开发人员、制造商、提供者、政策制定者、用户以及受 AI 系统直接或间接影响的所有人。我们所有人都有不同的责任，同时我们也有权利和义务参与讨论希望 AI 技术在我们的生活、社会和地球中所扮演的角色，因为 AI 及其影响非常重要，不能只依靠技术专家。

这意味着我们所有人都需要了解什么是 AI、什么不是 AI、它可以做什么，最重要的是我们可以做些什么来确保采用积极的方式使用 AI，从而为人类和环境带来福祉，并与我们的价值观、原则和优先考虑的事情保持一致。

此外，对我们在不断变化和发展的情境中开发和使用的系统，我们需要建立适当的社会和技术架构，以确保对这些系统负责并使之可信赖。显然，AI 应用程序不会负责任，应用程序是社会技术系统的一部分，社会技术系统必须承担责任并确保可信赖。确保 AI 系统符合伦理比设计出结果值得信赖的系统要重要很多。它与我们的设计方式、设计原因以及参与设计的人员有关。这项工作一直在进行中。显然，工作会出错，灾难会发生。除了为这些失败承担责任之外，我们更需要汲取教训，然后重试，尝试做得更好。

我们的责任不容忽视。人工智能系统是人们决定、设计、实施和使用的人工制品。我们人类要对它负责。当我们发现失败时（我们会失败）我们有责任重试，当我们发现出现问题时（它们会出问题）我们有责任监管并进行谴责，我们有责任知晓情况并告知他人进而去重建和改进它。

本书旨在为本科以上水平的读者以及不同背景（不一定是技术背景）的读者阐述这些问题。我们希望读者认为这些内容是有用的，因为我们需要做一些工作来确保 AI 系统是值得信赖的。开发和使用 AI 系统的人正是在负责任地开展这样的工作。我们人类能够而且必须做到的是，我们都要对 AI 负责。

如果没有与我的同事、朋友以及其他参与者在许多事情上进行的宝贵的讨论，这本书是不可能完成的。他们的问题、想法以及很多情况下的意见分歧一直是我写作的主要灵感来源。限于篇幅，不可能在这里列出我要感谢的所有人。但是，我要特别感谢约恩克(Catholijn Jonker),霍芬(Jeroen van den Hoven),以及我以前和现在的所有博士生和博士后们。我还要感谢威尼科夫(Michael Sardelić Winikoff)和罗西(Francesca Rossi)对这份手稿进行了认真而严格的审读。没有他们这本书是不可能完成的。最后,要特别感谢弗兰克(Frank)。

弗吉尼亚·迪格纳姆

(Virginia Dignum)

2019年5月

目录 | Contents

第1章

引 言

“随着自主系统和智能系统(A/IS)的使用和影响越来越普及,我们需要建立社会和政策指导方针,以使此类系统保持以人为本、服务于人类的价值观和伦理原则。”

电气与电子工程师协会(IEEE)全球自治与智能系统伦理倡议

我们将在本章介绍负责任的人工智能,并讨论它的重要性。

随着人工智能的快速发展，我们越来越需要探索和了解这些技术对社会的影响。决策者、舆论领袖、研究人员和公众都有很多疑问。偏见如何影响自动决策？人工智能如何影响工作和全球经济？自动驾驶汽车可以且应当做出符合道德的决定吗？机器人的伦理、法律和社会地位应该如何？

许多人还担心政府、公司和其他组织越来越多地访问数据信息，进而能够对公民行为进行广泛的侵扰性的预测。

所有这些问题的基本关注点是：由谁或什么来负责 AI 系统的决策和行动？机器是否可以对其行为负责？在研究、设计、建造、销售、购买和使用这些系统时，我们将扮演什么样的角色？要回答这些问题，需要对社会技术互动、智能系统的伦理方面以及对新颖的 AI 系统控制机制和自主机制有全新的了解。

这本书与未来无关。它没有提出厄运的场景，也没有提出人间天堂的幻想。它也不关注 AI 的超级智能、奇点或其他潜在领域。相反，这本书是关于现在的，特别是关于责任的：我们对创建和使用系统的责任，我们是否可以以及如何将责任嵌入这些系统。它还涉及可支持承担责任的问责机制和透明性机制。

本书旨在介绍负责任的 AI 设计、开发和使用方法。即以人类福祉为中心，并与社会价值观和伦理原则保持一致。人工智能不仅关系到我们所有人，而且影响到我们所有人，不仅是个人，而且包括集体。因此，我们不仅需要分析单个用户的利益和受到的影响，还需要将 AI 系统视为日益复杂的社会技术现实的一部分。

因此，实现负责任的 AI 就需要设计者们对 AI 带来的力量负责。如果我们正在开发具有一定自主性的人工制品，那么“我们最好完全确定赋予机器的目标就是我们真正想要的目标”。(斯图尔特·罗素引用诺伯特·维纳的话[103])。主要的挑战是确定责任意味着什么？谁来负责？对什么负责？由谁来决定？但是，鉴于 AI 系统是人工制品，它是为特定目的而构建的工具，责任永远不会落在 AI 系统上。因为作为人工制品，我们不能把它视为负责任的参与者[26]。即使设计人员或部署人员无法始终预期系统的行为，也必须将系统的行为与负责人的行为两者联系起来构成责任链。确实有些人，尤其是欧洲议会已经为人工智能系统提出了某种类型的法律人格的主张。① 但是，这些建议更多地是通过对当前 AI 功能所期望的类似科幻式的推断来指导的，而不是科学真理。此外，人工智能系统是代表公司和/或个人或在其授权下运行的，这些公司和/或个人在许多国家或地区已经具有法律人格，足以处理围绕其运营的人工智能系统的行为和决策的潜在法律问题。我们将在本书的后面章节讨论这个问题。

例如，当这些决定是由 AI 系统做出的或基于 AI 系统提供的结果时，假释决定、医疗诊断或拒绝抵押申请决定的责任在哪里？算法的开发人员、数据的提供者、数据收集传感器的制造商、授权使用此类应用程序的立法者或接受机器决定的用户是否应

---

① 见 http：//www.europarl.europa.eu/doceo/document/A - 8 - 2017 - 0005_EN.html? redirect。

该负责?回答这些问题并正确分配责任绝非易事。

我们迫切需要一种新的更具雄心的AI系统治理形式,一种确保并监督所有参与者责任链的工具,这是确保AI技术的进步与社会福祉和人类福祉保持一致所必需的。为此,决策者需要对AI的功能和局限性做适当的了解,以便确定应如何规范职责、责任和透明性。

但什么是人工智能?人工智能是指能够感知环境并采取行动以最大限度地实现某些目标的人工制品[104]。这里的重点是"人工"作为自然智能的对应物,后者是生物进化的产物。明斯基(Minsky)将人工智能定义为"使机器完成那些如果由人类完成则需要智能的事情的科学"。或者,根据卡斯泰尔弗朗西(Castelfranchi)解释道尔(Doyle)的说法,"人工智能是旨在通过构建智能系统来理解智能生物的学科"[44]。确实,学习AI的重要动机之一是帮助我们更好地了解自然智能。

人工智能代表着一种协同作用,旨在理解信息处理过程中人类体验的复杂性。它不仅涉及如何在逻辑上表示和使用复杂和不完整的信息,而且还涉及如何看(视觉)、移动(机器人)、交流(自然语言、语音)和学习(记忆、推理、分类)的问题。

尽管人工智能的科学学科自20世纪50年代就已经存在,但AI直到最近才成为家喻户晓的名词。在当前的语境下,人工智能通常指的是解释大量信息以做出决策的计算能力,而与理解人类智能或知识和推理的表达方式无关。

在AI学科中,机器学习(Machine Learning,ML)是一个广泛的科学领域,致力于处理算法,这些算法允许程序根据从以前的经验中收集的数据来"学习"。程序员无须编写代码来指示程序根据情况做出何种动作或预测,而是由系统根据从先前经验中识别出的模式和相似性采取适当的动作。

人工智能系统使用算法来实现其目标,但人工智能不仅仅是其使用的算法。算法不过是一组指令,例如执行某些命令的计算机代码。因此,算法没有什么神秘之处。用来烤苹果派的食谱是一种算法:它根据一系列输入(在本例中为成分)来提供实现结果所需的指令。与算法本身一样,苹果派制作的最终结果很大程度上取决于面包师的技能与所选择的食材。而且,更重要的是,苹果派食谱绝不会自己变成真正的派!AI算法也是如此:AI系统产生的结果仅部分由算法确定。设计者对数据、部署方式、测试方法和评估原则的选择,以及许多其他因素和决策,在更大程度上决定了最终结果。

因此,实现负责任的AI意味着除了选择适当的算法外,还需要考虑所要使用的成分(如数据)以及使用它的团队的组成。要烤苹果派,你可以选择使用有机苹果或是最便宜的苹果,你也可以要求新手厨师或明星厨师烘烤。开发AI系统也是如此:你正在使用哪些数据来训练和提供算法?它是考虑了域的多样性和特定特征,还是从互联网上免费下载的一些培训数据集?谁在构建和评估系统?是一个能够反映利益相关者和用户范围的多元化包容性团队,还是你可以组建的最便宜的团队?你是否依靠薪水低廉的"亚马逊土耳其机器人"(Amazon Mechanical Turk)测试人员来标记数据?选择权在你手里。而结果将反映这些选择。

实现负责任的AI需要参与。也就是说,它需要所有利益相关者的承诺,并需要全社会的积极参与。这意味着每个人都应该能够获得关于什么是 AI 以及 AI 对他们意味着什么的正确信息,并且能够获得关于 AI 和相关技术的教育。这也意味着 AI 研究人员和开发人员必须了解其工作对社会和个人的影响,并了解不同的人如何跨文化使用 AI 技术。为此,对研究人员和开发人员进行有关 AI 的社会、伦理和法律影响的培训对于确保系统符合社会和伦理规范以及确保开发人员对于 AI 系统发展产生的社会影响方面具有责任意识至关重要。

仅看性能,人工智能似乎比自然智能系统(如人类)具有更多优势。与人相比,人工智能系统通常可以更快地做出决策并可以随时操作。它们不会感到疲倦或分心,在完成这些任务时比人类更准确。此外,它们可以复制软件,而我们无须付费。另一方面,自然智能有许多重要的优点。首先,你无须走太远就可以找到他们。有数十亿人可用,我们不需要"培养"他们,我们只需要教育他们。人脑是能量效率的奇迹,它能够管理各种技能并一次执行许多不同的任务,而仅需要使用人工神经网络执行一项任务所需能量的一小部分。人们擅长即兴创作,可以按照只有梦想中的机器才能够做到的方式来处理以前从未遇到过的情况。

人工智能可以通过多种方式帮助我们:它可以为我们执行艰苦、危险或无聊的工作;它可以帮助我们挽救生命和应对灾难;它可以使我们开心并使我们的每一天都更加舒适。实际上,人工智能已经在改变我们的日常生活,并且主要以改善人类健康、安全和生产力的方式。在未来的几年中,我们可以预期在运输、服务、医疗保健、教育、公共安全和保障、招聘和务工以及娱乐等领域将继续增加 AI 系统的使用。[1]

这些可能性和 AI 快速发展的步伐很容易使你不知所措。意见领袖和报纸已经开始表达对 AI 技术的潜在风险和问题的担忧。[2] 杀手机器人、隐私和安全漏洞、人工智能对劳动和社会平等的影响[3]、超级智能及存在的风险[4]等在媒体上无处不在，这使我们对人工智能持谨慎态度。

实际上，我们有许多理由保持乐观。根据世界卫生组织的数据，每年有 135 万人死于交通事故，其中一半以上是人为错误造成的。[5] 智能交通基础设施和自动驾驶汽车可以在此提供安慰。即使事故和死亡仍然不可避免，但预测表明，它们可以显著减少道路上的总体人员伤亡。人工智能系统也已经用于改进几种类型的癌症的早期诊断，识别潜在的大流行病，预测野生动植物的盗猎并借此改善护林员的工作，通过改进翻译来促进交流，以及优化能源分配。

我们最终会负责。作为研究人员和开发人员，我们必须将基本的人类价值观作为我们设计和实施决策的基础。作为 AI 系统的用户和所有者，我们必须对 AI 系统在我们的社会中所采取的

---

① 人工智能一百年研究：https://ai100.stanford.edu/.

② 参阅实例：http://observer.com/2015/08/stephen-hawking-elon-musk-and-bill-gates-warn-about-artificial-intelligence or http://www.theguardian.com/technology/2015/nov/05/robot-revolution-rise-machines-could-displace-third-of-uk-jobs.

③ http://www.express.co.uk/life-style/science-technology/640744/Jobless-Future-Robots-Artificial-Intelligence-Vivek-Wadhwa.

④ http://edition.cnn.com/2014/09/09/opinion/bostrom-machine-superintelligence/.

⑤ https://apps.who.int/iris/bitstream/handle/10665/276462/9789241565684-eng.pdf.

行动和决策持续负有责任并保持信任链。责任不仅在于开发、制造或部署人工智能系统的人员，还包括制定法律将其引入不同领域的政府、教育者以及在特定领域进行宣传和重要评估的社会组织，尤其是与这些系统互动时了解我们的权利和义务的所有人。我们都应负有责任。

使用AI的最终目的不是创造超人机器或其他科幻场景，而是为可持续环境中的所有人开发支持和增进人类福祉的技术。它也与理解和塑造技术有关，因为它在我们的日常生活中越来越流行并具有影响力。这并不是要模仿人类，而是要为人类提供工具和技术，以更好地实现他们的目标并确保所有人的福祉。从工程根源的角度来看，AI的重点在于构建人工制品。但这不仅是工程，还要以人为本和以社会为基础。因此，人工智能是跨学科的，不仅需要技术进步，还需要社会科学、法学、经济学、认知科学和人文科学的贡献。

本书的主题负责任的AI通常也被称为AI伦理，但是我认为这两个概念虽然紧密相关却并不相同。伦理学是对道德和价值观的研究，而责任不仅是伦理问题的实践，而且是法律、经济和文化问题的实践，明确责任的目的在于确定什么对整个社会有利。因此，借助伦理学AI可以观察发生了什么，而负责任的AI要求采取行动。

负责任的AI不仅仅是在报告中的伦理选项框中打钩，或者在AI系统中开发附加功能或关闭按钮。它是根据人类基本原理和价值观开发的智能系统。让AI“负责任”目的在于确保结果是对多数人有利的，而不是让AI成为少数人的收入来源。

不管它们的自主程度、社会意识或学习能力如何，人工智能系统都是人们为了达到特定目标而建造的人工制品。因此，在AI开发的各个阶段(分析、设计、构造、部署和评估)都需要理论、方法和算法来整合社会、法律和伦理价值观。这些框架必须处理我们认为的具有伦理影响的机器自主推理，而且最重要的是要告知如何选择设计。这些框架必须规范AI系统的操作范围，确保适当的数据管理并帮助个人确定自己的参与度。

鉴于价值、伦理及其解释取决于社会文化背景，并且通常仅隐含在审议过程中，因此需要采用一些方法来探出设计者和利益相关者所持有的价值观，并使其明确，从而使我们更好地理解并信任人工自主系统。适应价值多元化并了解如何设计AI以提高效率、可用性、灵活性、弹性、公平性、正义性、尊严、幸福感、福祉、安全性、保障性、健康、共情、友谊、团结与和平至关重要。

可以通过不同的方式把伦理学应用于AI的设计，以实现负责任的立场：

在设计过程中体现伦理。指将AI系统集成进或替代传统社会体系时支持AI系统设计和评估的监管和工程流程。其目的是通过预测设计选择的结果，让所有利益相关者参与、验证设计，反映要解决的问题，并采取适当措施以确保系统的社会、法律和伦理的可接受性，确保AI系统开发团队意识到结果对个人和社会的潜在影响。这意味着我们需要认识到问责制(accountability)、责任制(responsibility)和透明性(transparency)(ART)原则是AI系统设计的核心。设计中的伦理将在第4章中进一步讨论。

为AI系统设计伦理推理功能。这种方式涉及AI系统行为

的伦理。该领域的工作涉及① 了解使 AI 系统代表和应用道德价值的必要性,② 了解对系统行为进行适当约束的含义和规范,以及③ 将伦理推理能力整合进决定人工系统自主行为的算法中。伦理推理设计是第 5 章的重点。

针对设计(人员)实施伦理准则。指根据行为准则、法规要求以及标准和认证流程来确保所有参与者在研究、设计、构建、使用和管理人工智能系统时的正当性。这是为了确保他们考虑设计选择的社会影响,并采取必要的措施以最大限度减少负面影响和结果的双重使用。这就要求设计人员遵守特定的行为准则,并且理解和应用确保开发者行为、产品和服务的正当性的标准、法规和认证流程。我们将在第 6 章中进一步讨论针对设计(人员)的伦理。

承担责任的重要条件是知识。因此,前两章为理解 AI 和伦理的作用提供了必要的背景。第 2 章简要介绍了 AI,包括它在当下以及在不久的将来可能的发展。第 3 章概述了反映关注 AI 影响的伦理理论。然后,本书在第 4 章中继续对有助于负责任的设计过程的原理和方法进行全面的讨论。在该章中,我们特别研究了问责制、责任性和透明性的原则。第 5 章是关于 AI 系统本身的伦理考量,它试图回答以下问题:我们是否可以构建这样的系统?更重要的是,是否应该构建它们?人工智能对社会的影响是第 6 章的重点。在这里,我们将讨论如何进行监管和教育,使用户、企业和决策者不仅意识到自己的责任,而且能够根据需要承担自己的责任。尽管这不是一本关于未来的书,但在第 7 章中,我们展望并勾勒了确保“人工智能造福人类”的负责任的 AI

原则的路线图。也就是说，值得信赖的、公平的和包容的AI系统可以促进人类福祉和可持续发展。

本书传递的最重要的信息也许是，负责任的AI并不是关于AI系统的特征，而是我们自己的作用。我们负责构建系统、使用系统，并决定了这些系统能自主决定和采取行动的程度。因此，本书的最后一章是关于我们的。它讨论了研究人员和制造商在设计、构建、使用和管理人工智能系统时的正当性，以及整合了社会-认知-技术结构的AI系统的伦理意义。

我们对“负责任”的AI负责。

希望这本书有助于人们意识到自己的重要作用。

第2章

什么是人工智能?

人们担心计算机会变得太聪明而掌控整个世界,但真正的问题是它们太愚蠢并且已经掌控了整个世界。

佩德罗·多明戈斯(Pedro Domingos)

我们将在本章介绍 AI 的科学基础及其自主性、适应性和交互性的最新发展。

2.1 引言

定义人工智能并非易事。该领域本身是广泛的，并且不同的方法提供了不同的定义。本章的目的不是解决这个问题或提供AI的单一定义，而是帮助读者理解不同的主张，并在此过程中理解当今最先进的AI系统可以做什么。

智能系统最简单的定义之一就是“处理信息以有目的地做事”的系统。

另一个常见的定义将AI解释为一种计算人工制品，它是通过人类干预从而像人类一样思考和行动或像我们期望的人类那样思考和行动而建立的。这是麦卡锡(McCarthy)、明斯基(Minsky)、罗切斯特(Rochester)和香农(Shannon)在经典的“达特茅斯夏季人工智能研究计划提案”中提出的定义，该创始性文件于1955年建立了AI的领域：“就目前的目的而言，人工智能问题在于机器表现出行为的方式，如果人类如此行事的话，这种方式将被称为智能。”[87]

以上观点与机器获得的结果有关，而不是与人类智能的严格复制或仿真有关。艾伦·图灵(Alan Turing)的典型陈述概括了著名的图灵测试，可以最好地证明这种方法：如果与之交互的人无法分辨它是人还是计算机，则可以将其视为“智能”[120]。

两种观点都导致人们期望获得类似人类的智慧和行为。但是,目前人工制品中内置的智能类型与人类相差甚远。人类智力是多方面的,包含认知、情感和社会方面。实际上,文献[61]确定了九种不同的智力类型——逻辑数学、语言、空间、音乐、动觉、人际交往、个人内在、自然主义和存在主义。因此,最好将智力视为存在于多维尺度上的某个地方,而认知只是这些尺度之一。

研究人员还远远没有完全理解这些问题,更不用说将其实现为人工制品了。当前的AI系统仅在非常狭窄的领域(如下象棋或围棋)中和人类的智能相当。此外,人类显然不是周围唯一的智能体,"智能"这个属性也可以用来描述动物,在某些情况下甚至可以说是植物[119]。期望人工智能系统展现出人类的智能甚至超越人类的智能①,可能使我们对已经存在一段时间的许多有用的智能系统视而不见[25]。为了了解AI系统的真实性,最好抛开以人为中心的视角。

因此,需要更全面的定义来理解当前的AI。字典将智能定义为"掌握和运用知识来操纵自己的环境或情境的能力"。② 简而言之,即在正确的时间做正确的事情的能力。基于上述考虑,本书将AI视为研究和开发表现出某些智能行为的计算人工制品的学科。

这种人工制品通常被称为(人工)能动者。③ 智能体是指能够灵活采取行动以实现其设计目标的能动者,其中灵活性包括以

① 我们将在第7章进一步讨论超级智能的问题。

② 见韦氏词典:https://www.merriam-webster.com/dictionary。

③ 或称人工代理、艾真体、智能体。——译者注

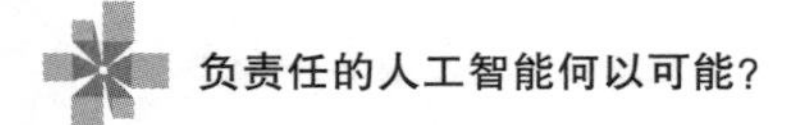

下属性[137]：

- 反应性：感知环境，对环境中发生的变化做出反应并可能学习如何最好地适应这些变化的能力；
- 积极性：为实现自己的目标而采取主动行为的能力；
- 社交性：与其他能动者或人类互动的能力。

这些属性在某种程度上与文献[57]中所述的适应性、自主性和交互性标准相对应，并分别在第 2.4、2.3 和 2.5 节中进行了详细说明。

尽管许多 AI 系统目前仅表现出这些特性之一，但它们结合起来才可以表示真正的智能行为。

在本章的其余部分，我们将首先介绍关于 AI 的不同观点，这些观点来自 AI 所基于的不同学科。然后，我们讨论其适应性、自主性和交互性方面的最新发展。

2.2 人工智能的背景

人工智能是一个广泛的科学领域，其根源是计算机科学、哲学、数学、心理学、认知科学和许多其他学科。这些学科分别以稍微不同的方式描述了 AI。如上所述，计算机科学与具有智能特征的计算系统的发展有关。哲学关注智能的含义及其与人工实体的关系。心理学帮助我们了解人们如何相互交流以及如何与（智能）人工制品互动。认知科学提供了有关人类认知的基本见解。AI 的许多具体应用都需要数学（如优化 AI 算法）、电子组件（传感器、微处理器等）和机械执行器（液压、气动、电动装置等）。

从负责任的 AI 的角度来看，我们关注的主要问题是 AI 系统的开发方式以及此类系统进行智能行动的社会意义。因此，在本节的其余部分，我们着重于从计算机科学和哲学领域理解 AI。

2.2.1 计算机科学与工程学观点

在计算机科学中，人工智能是与构建人造系统有关的学科，这些人造系统表现出与智能相关的特征。通过这些系统，我们还可以更好地了解人类智能的工作原理。

计算汇集了关于 AI 的两个主要观点。首先，工程学观点认为，人工智能的目标是通过构建具有智能行为的系统来解决现实问题。其次，科学的观点旨在理解对智能行为建模需要什么样的计算机制。

根据 AI 相关的主要教科书——罗素和诺维格(Peter Norvig)的著作[104]，可以将智能系统分类如下：

(1) 像人类一样思考的系统，其重点是认知建模，例如，认知架构和神经网络；

(2) 像人类一样行为的系统，重点是模拟人类活动，由类似图灵测试的方式来评估；

(3) 理性思考的系统，通过使用基于逻辑的方法对不确定性进行建模并处理复杂性问题(如问题解决者、推理、定理证明器和优化)；

(4) 具有理性行为的系统，重点是在其环境中最大化其性能期望值。

也可以根据使用的方法对AI进行分类[43]，例如符号AI方法（使用逻辑）、连接性方法（受人脑启发）、进化方法（受达尔文进化论启发）、概率推论（基于贝叶斯网络）和类推方法（基于外推法）。

构建智能机器涉及许多不同方面，包括理解语言、解决问题、规划、识别图像和模式、交流、学习等。不同研究领域的特征在于它们为实现这些目标所采用的手段。这就是为什么AI的子领域（如机器学习、自然语言理解、模式识别、进化和遗传计算、专家系统和语音处理）有时几乎没有共同之处。实际上，人工智能的研究和应用涵盖了许多领域，并不是每个人都同意这些子领域之间的关系，甚至对是否应将它们视为子领域也存在争议。图2.1① 试图对这些领域进行分类。

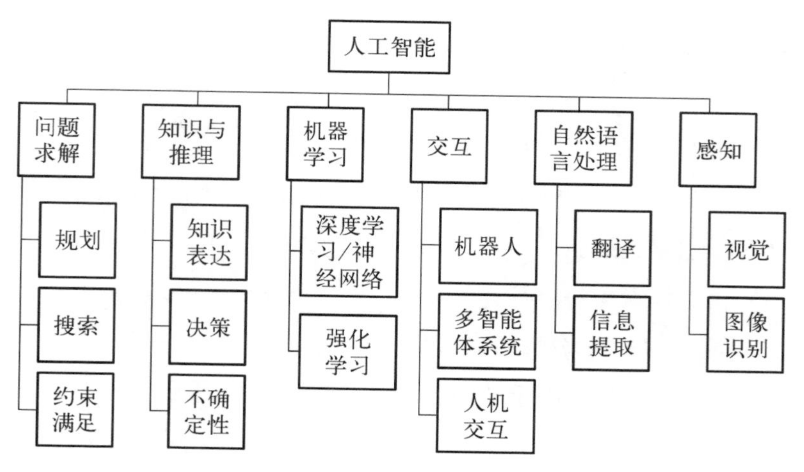

图2.1　人工智能中的主流技术

① 显然还有其他可能的分类，并且可以包括更多的领域，但本图的目的是提供一般的、非详尽的概述。

尽管如此,关于我们如何实现 AI 开发仍有两个主要思想流派。第一个的目标是以自上而下的角度明确设计系统的行为;第二个的目标是以自下而上的方法,尝试通过观察环境中的模式来构建智能。

自上而下的 AI 方法[有时也称为符号 AI 或有效老式 AI 方法(GOFAI)]试图以声明性形式,即事实和规则,明确表示人类知识。这种方法的重点是将通常为隐性或程序性的知识转换为形式化的知识表示规则(通常是 if - then 子句类型)来进行演绎,以获取新知识并通知行动。符号 AI 方法在各个领域都取得了令人瞩目的成功。主要的例子是专家系统,该系统可以利用人类的专业知识,但只能在解决非常具体的问题时使用。数学定理证明器也基于符号表示,例如国际商业机器公司(IBM)开发的象棋计算机系统“深蓝”,它是首个在国际象棋比赛中赢得国际冠军的计算机系统。[①]但是,这种方法还遇到了一些可能无法解决的挑战。常识性问题就是其中一例,它是指需要明确地表示我们共知的关于世界和我们自己的大量隐性知识。此外,在依赖过程、概率或隐性知识(如感觉过程或模式匹配)的领域中,符号方法的成功是有限的。

自上而下的方法主要基于这样的观念,即智力可以通过理性逻辑来再现。这种方法的优点是数学逻辑为其提供工具,即可以将人工智能机器要完成的复杂任务形式化。但是,许多世俗的任务不适合用逻辑技术来形式化。

考虑到许多领域的内在不确定性,自下而上的方法试图直接

① 参阅 https://www.ibm.com/ibm/history/ibm100/us/en/icons/deepblue/。

根据先前的经验对认知过程进行建模。基于对经验的学习，这种关于 AI 的观点认为可以在没有明确表示知识的情况下实现智能。它有时被称为次符号或连接性方法，这些系统从大脑的工作方式中获得启发，通常与神经元的隐喻相关联，并且确实是神经网络体系结构的基础(请参见第 2.4.2 节)。这些方法需要大量数据，特别适合解决特定领域的问题。因此，它们的成功取决于数据的可用性和计算能力。使用共享的数学语言还允许与更成熟的领域(如数学、经济学或运筹学)进行高水平的合作。斯图尔特·罗素和彼得·诺维格将这一运动描述为“革命”[104]。即使一些批评家认为这些技术过于专注于特定问题并且未能解决通用智能的长期目标[81]，但如今，这些方法的力量推动了 AI 的成功。

人工智能研究的另一个驱动力是在计算机上模拟人类认知的目标。在这里，目标是了解人脑的工作原理，并证明有可能制造出具有人类(或至少是小动物)所有能力的机器。该观点基于这样的思想：物理和化学过程带来了思维的重要功能，例如学习、记忆和意识，并且这些过程原则上可以由机器来模拟。这种观点的主要支持者是马文·明斯基(Marvin Minsky)，他将 AI 描述为模仿人类大脑的机制，包括开发专用硬件。最著名的例子是当前的欧盟旗舰计划“人脑计划”。①

这种方法导致了神经网络的发展，该神经网络将推理建模为一系列相互连接的单元(称为人工神经元)之间的信息交换，类似于人脑的过程。

---

① 参阅 https://www.humanbrainproject.eu/。

2.2.2 哲学观

人工智能的中心概念(如行动、目标、知识、信念、意识)长期以来一直是哲学反思的焦点。计算机科学主要采取工程学立场,关心如何将这些概念构建到机器中,而哲学通常采取一种更为抽象的立场,即询问这些概念的含义。就是说,哲学努力回答以下问题:机器智能地行动意味着什么?而且,人类智能、机器智能和其他类型的智能之间有什么区别(如果有的话)?

像计算机科学一样,哲学也包含许多关于 AI 的不同观点,这些观点一直是计算机科学中使用方法的基础。1976 年,艾伦·纽厄尔(Allen Newell)和赫伯特·西蒙(Herbert A. Simon)提出"符号操纵"是人类和机器智能的本质的观点。这些想法导致了我们在上一节中介绍的所谓的符号 AI 方法。符号 AI 旨在产生一般的、类似于人类的智能,机器可以通过它执行人类可以执行的任何智力任务。

后来,休伯特·德雷福斯(Hubert Dreyfus)认为,人类的智力和专业知识主要取决于无意识的本能,而不是有意识的推理,并且这些无意识的技能永远无法在计算规则中获得[45]。塞尔(Searle)通过他著名的"中文房间"实验扩展了这种思维方式,表明在不知道符号含义的情况下进行符号操纵就足以蒙蔽观察者令其无法判断智能体是否表现出了智能的行为[110]。从那以后,正如我们在前面的小节中所看到的那样,基于模拟的无意识推理和学习的亚符号化 AI 方法(如神经网络或进化算法)目前在对于特定领域人类表现的预测方面非常成功。

哲学还思考机器是否可以具有思想、心理状态和意识的问

题。相关问题探讨了机器智能的含义以及智能与意识之间的关系。尽管当今大多数哲学家都说智能不需要意识,但是机器意识的问题在AI的哲学研究中仍然是中心问题。其中一种观点认为,意识源于智能系统用来对自身进行推理的模型的结构。但是,为了解释信息处理系统如何具有某种事物的模型,必须存在一个先验的意向性概念。该思想解释了系统内部的符号为何以及如何能够代表事物[88]。这种意识和思想的象征性观点是早期AI哲学研究的主要观点。

与意识有关的另一个问题是人的尊严,这是《世界人权宣言》的一项核心原则,其中指出:“人人生而自由,在尊严和权利上一律平等。他们被赋予理性和良知,应该本着兄弟情谊的精神互相帮助。”目前,人们对智能机器对人类尊严的影响越来越感兴趣,尤其是在医疗保健和法律领域。

这里的主要问题是,机器在做出决策和表现出同理心时是否能够充分尊重人的尊严。如果在必须有同理心的情况下让机器取代人类,那么人们可能会感到疏远、被贬低和沮丧。早在1976年,约瑟夫·魏曾鲍姆(Joseph Weizenbaum)认为,不应使用AI技术代替需要尊重和关怀的职位的人员。另一方面,其他学者认为,在涉及少数群体的地方,“公平”机器的决策可能比人类更公平[7]。

最后,哲学还反思了超级智能[20]或奇点[80,130]的概念,即人工智能将演变为越来越智能的系统的假设,该系统会突然触发失控的技术发展,从而导致人类文明或社会的极端变化,甚至灭绝。哲学家尼克·博斯特罗姆(Nick Bostrom)在其2011年的著作《超级智能》中表达了他的担忧,即一台超级智能机器有一天可以自发地产生自我保护的目标，这可能使其与人类争夺资源[20]。博斯特罗姆的工作已经说明了与（一般）人工智能相关的许多潜在风险和挑战，但这些想法并未得到大量 AI 研究人员的支持。批评者声称，没有证据表明认知智能必然导致自我保护，即使在逻辑上可行，超级智能也完全不可能实现[54]。其他人则认为，专注于超级智能的风险可能会分散对 AI 的许多真实而有效的关注，从其偏见导致的后果到其对工作的影响，再到其在自动武器系统中的使用。而且，现有数据不支持关于在可预见的范围内将发生超级智能的预测[49]。我们将在第 7 章中进一步思考超级智能的问题。

2.2.3 关于 AI 的其他观点

在心理学和认知科学领域，研究人员研究了大脑的运作方式、人类的行为方式以及大脑处理信息的方式。旨在绘制和理解人类或其他方面的认知。在这里，人工智能是探索不同认知理论的宝贵工具，计算机模拟可用于解释现有数据并预测新发现。

在社会学中，研究人员提出了两个基本的概念来理解人类的行为：能动性（agency），即独立行动和做出自己自由选择的能力；结构（structure），即能够影响或限制现有的选择和机会的周期性模式安排[11]。

即使没有被普遍接受的定义，社会学和经济学也将能动者（agent）①视为代表他人行事的实体，而无须后者的直接干预。以

① 当前一些理论认为，人工智能已具有一定的独立于人类指挥而行动的能力，是能动者而非受动者。——编者注

下是英文单词 agent 在字典中的常见释义。英文单词 agent 的常见释义(源自 www.merriam-webster.com)：① 实施行为或行使权力的人；产生或能够产生效果的某物。② 被授权代表他人或代替他人行事的人。①

因此，能动性是独立行动并做出自己的选择的能力。尽管社会学一直在争论结构或能动性是否是人类行为的基础，但是能动性原则在大多数 AI 研究中处于领先地位，这主要由罗素和诺维格的开创性教科书所证明[104]。

能动性的概念在经济学中也很重要，特别是在涉及代理与其委托人之间的关系时。当一个人或实体("代理")能够代表另一个人或实体(即"委托人")做出决定、采取行动，或这些决定、行动对委托人发生影响时，就会发生委托人-代理问题。在 AI 中，当两个参与者中的一个是智能机器时，理解这一难题就尤为重要。

为了确保代理实现其预期目标，通常会制定合同或其他形式的协议以指定互动的奖励措施和惩罚措施。同时代理立场也很有用，我们将基于它讨论 AI 系统背景下的道德和责任(见后面的章节)。

2.2.4 AI 能动性

鉴于能动性概念在 AI 中的核心作用，本章将从弗洛里迪

① agent 在英文中有多重含义，译为中文时，作哲学概念一般译作"能动者"，而作经济学或法律概念一般译作"代理"。——编者注

(Floridi)[53]提出的能动性的主要特征,即自主性、适应性和交互性的角度进一步讨论 AI,如图 2.2 所示。

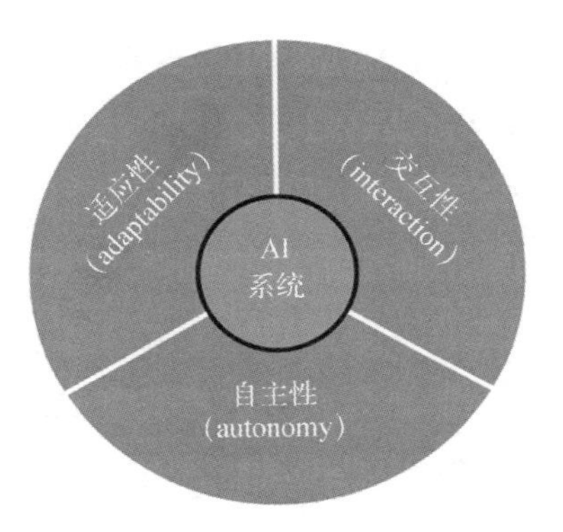

图 2.2 人工智能的能动性特征:自主性、适应性、交互性

- 自主性:能动者独立做出行为和自由选择的能力。
- 适应性:从自己的经验、感觉和互动中学习的能力,以便能够对环境的变化做出灵活的反应。
- 交互性:能动者感知或与其他能动者(无论是人类能动者还是人工智能能动者)互动的能力,这些是能动者本身具有的目标和能力。

在以下各节中,我们将根据最新研究成果更详细地论述这三个特征。

2.3 自主性

自主性也许是人工智能中被引用最多的一个方面。它既被视为智能的代名词,也是人们最关心的 AI 的特征。它通常是散布恐惧者和科幻小说的焦点。恶意的自主智能机器的形象一直激发着我们的想象力。但是,什么是自主性? 自主的机器意味着什么?

人工智能中的自主性概念通常是根据环境来定义的,正如詹宁斯(Jennings)和沃德里奇(Wooldridge)对自主性能动者的开创性定义所描述的那样:"能动者是指一种计算机系统,它位于某个环境中，并且能够在该环境中进行自主的行动以满足其设计目标。”[74]也就是说，自主性是指能动者与其环境之间关注点的分离。它还指能动者无须显式外部命令即可控制其自身内部状态和行为的能力。但是，在人类环境中，自主性通常是指社会环境，即来自其他能动者的自主性。

在 AI 中，有时会按照布拉特曼（Bratman）提出的人类实践推理的信念、欲望和意图（BDI）模型来描述能动者[23]。在 BDI 模型中，信念代表对世界的了解，欲望或目标代表某种期望的最终状态，而意图则对应于能动者实现其欲望所必需的潜在计划。根据对世界的信念，能动者将选择一项计划，使其能够实现自己的愿望之一。用于开发软件能动者的几种计算机体系结构和计算机语言均基于 BDI 模型，包括 2APL[33]和 Jason[19]。

请务必注意，“自主系统”一词在技术上有点用词不当。在任何情况下和所有任务下，任何系统都不是自主的。另一方面，给定足够有限且定义明确的前后关系，即使是非常简单的系统也可以自主执行[22]。因此，为了掌握人工智能中的自主概念，我们需要了解两个问题。首先，自主性不是系统的属性，而是系统、任务、前后关系或环境之间相互作用的结果。其次，自主性不是一种紧急的属性，而是需要在系统中进行设计的东西。在第 4 章中，我们将重点介绍为什么以及何时要赋予人工系统自主性。在本节的其余部分中，我们将更详细地讨论自主性能动者的概念，因为它是 AI 研究中常用的。

2.3.1 自主性能动者和多能动者系统

从自主的角度来看，AI 系统具有许多优势。首先，它使我们能够独立于彼此及其环境，独立地设计和实现系统，并使我们能够协调由多个能动者组成的系统(即多能动者系统)的行为，就好像没有中央计划者或控制器一样。其次，不对系统的行为施加任何影响：每个能动者可以是合作的、自私的、诚实的或与之相反的。但是，不利之处在于，多能动者系统的开发需要明确的方法来指定应该如何进行能动者之间的沟通以及如何使能动者监视彼此的行为。

在本章中，我们采用沃德里奇和詹宁斯提出的人工自主性能动者的定义：能动者是指一个封装的计算机系统，它位于某个环境中，并且能够在该环境中进行灵活的、响应性的和主动的动作，以便达到目标[137]。图 2.3 描述了位于同时存在其他能动者的环境中的此类能动者。

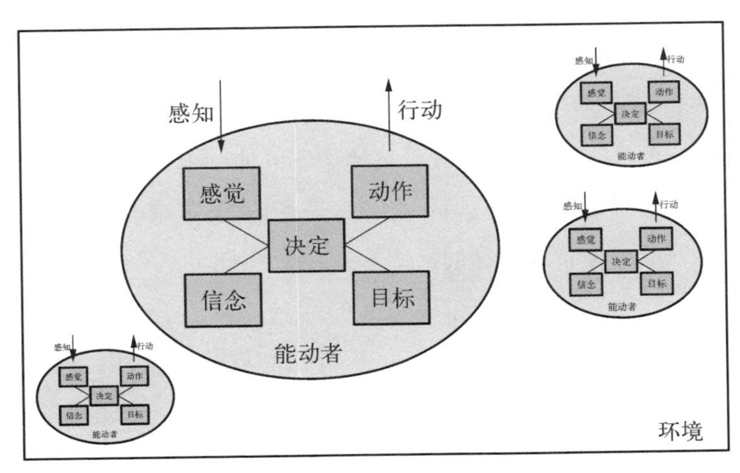

图 2.3　自主性能动者根据其信念和目标在环境中进行感知并采取行动

此定义引起了一些值得注意的问题：

- 环境和封装是基于以下假设：所关注的系统与环境明显不

同。也就是说,能动者存在于环境中(可能包括其他能动者),但在功能上和结构上都与该环境不同。能动者与环境之间的交互需要传感器和执行器。能动者不仅可以作用于物理环境,而且在虚拟情况下,能动者与环境之间的交互也可以通过明确定义的接口、虚拟传感器和执行器来进行。

- 积极主动的行动是指能动者决定采取某种行动的方式:或者作为对环境感知的反应,或者作为实现其目标的手段。

- 灵活性是指能动者通过更新其对环境的信念来适应其环境的能力。这并不一定意味着能动者必须能够学习(即能够基于外部输入来修正自己的行为),而仅仅是意味着它至少能够感知环境的变化并采取相应的行动。

请注意,能动者的上述定义并不涉及智能。实际上能动者范式适用于许多类型的系统,我们并不认为其中所有的系统都是智能的。最常引用的非智能体示例是恒温器。

此外,该定义也不涉及环境中不同能动者之间的关系。自主性能动者范式主要应用于在线交易和拍卖、灾难响应和复杂计划等领域中分布式问题的解决和规划。多能动者系统用于解决单个能动者或整体系统难以解决的问题。关于该主题的许多研究都集中在组织结构(包括自组织方法和规范系统)以及相互作用机制(包括博弈论和社会选择方法)上,这些机制使能动者能够与他者协作以实现共同或个体目标。

为了在一个环境中共存,能动者必须能够感知他者的行动(例如,通过明确的交流或通过观察感知该环境的变化),并在与他者进行活动或不参与他者活动的情况下追求自己的目标。

多能动者系统也是用于建模和分析人类社会典型社会现象的有用范式。为此,建模人员设计能动者来表示特定个体或群体的行为,以及他们在(或多或少)受约束的环境中的交互作用,以了解全局行为。

我们从关于能动者组织和能动者交互的研究工作中可以了解到对不同类型的能动者之间交互作用的诱因、约束和结果的相关见解,而无须了解这些实体用来实现其行为的内部机制[4]。在 AI 系统变得越来越复杂和不透明的世界中,这种无须考虑算法的设计即可推理出可能的整体结果的能力提供了一种监控和评估 AI 系统的潜在方式,它可能比“打开黑箱”更合适。

2.3.2 自主性级别

字典将自主性定义如下:

(1) 自治的权利或条件。

(2) 不受外部控制或影响;独立。也就是说,尽管提到 AI 系统时,智能和自主性的概念经常被混为一谈,但是严格来说,在自主性的定义中并没有暗示着智能。能动者可以是自主而愚蠢的,也可以不是自主性的但却是智能的。

在考虑人工系统的自主性时,一种定义指出系统必须具有在选项之间进行选择的能力。因此,人工智能系统自主决策的结果取决于系统可以选择哪些选项。自主性可以指能动者的任务或目标:

- 任务自主性是系统通过制订实现目标的新计划或在目标之间进行选择来调整其行为的能力。例如,导航系统能够确定到达目的地的最佳路线，并可能适应交通和道路状况。

● 目标自主性是引入新目标、修改现有目标和退出活动目标的能力[78]。例如，导航系统将自行确定将用户载到哪个最适合的目的地。

任务自主性与能动者可以访问的“均值”或工具性子目标相关。这就是卡斯泰尔弗朗西所说的执行自主性[27]。另一方面，目标或动机自主性是关于能动者活动的“终点”，是指能动者具有接受或拒绝其他能动者的请求以及决定其动机的能力。

此外，社会自主性是基于能动者之间的依存关系及其相互影响的能力。能动者要能够改变自己的目标和计划，从而避免受他人影响或利用他人的能力，或者对他人施加影响，以便从他们身上诱发某些行为。因此，具有社会自主性的能动者是指能够采纳或不采纳他人目标的能动者。这样做可能出于不同的原因，包括仁慈或自私。任务自主性在预期于动态环境中运行的 AI 系统中被当成理所当然，而目标自主性则需要对系统的高度信任，并且需要向用户保证能动者目标的这些变化仍然是可以接受的。

在大多数情况下，当某些人提到 AI 系统的自主性时，他们指的是 AI 的任务自主性。例如，针对自动驾驶汽车提出的自主性级别就是这种情况。① 该提议考虑了六个不同级别的汽车自动化，从 0(无自动化)到 5(完全自动化)。但是，即使是第 5 级也属于任务自主性，描述了车辆在所有条件下都能执行所有驾驶功能的情况。在此提议中，没有考虑目标自主性的可能性：用户仍然

① 参见 https://www.sae.org/standards/content/j3016_201401/。

可以决定目标位置。

最后，自主性绝不是绝对的概念，而是相对于情境的：这被称为可实现的自主性。这是指情境的限制，例如对能动者的体能、推理能力的限制以及社会限制，例如法律限制以及社会价值和实践。

2.4 适应性

适应性是指适应某些事物或改变自身的能力。这个概念的核心是系统可以感知其环境。这使系统能够采取最适当的措施或根据其感知来推断可能的未来状态。

适应性的中心问题是学习能力，这是机器学习领域的核心。

2.4.1 机器学习如何工作?

学习算法是一种从数据中学习的方法。

这些算法通常基于随机或统计方法来解析、比较和推断一组数据中的模式。在大多数情况下，这些算法需要数据，而且需要大量数据。通常需要在很长一段时间内将这些数据用于训练算法，直到(机器)能够正确识别模式并将其知识应用于类似情况。

这种从数据中学习的方法与第2.2节中提出的专家系统方法形成了对比。在专家系统方法中，程序员与人类各学科领域的专家坐下来，了解了用于制定决策的标准，然后将这些规则转换为软件代码。专家系统旨在模仿人类专家使用的原

理,而机器学习则依靠数值方法来找到在实践中行之有效的决策程序。

一般来说,像传统编程一样,经典的 AI 方法基于以下思想:为使机器能够理解其输入数据并产生结果,需要手工制作的域模型(请参见图 2.4 的上半部)。但是,由于需要某些领域的专业知识,所以很难构建这些模型,并且很难适应不断变化的环境。尽管如此,与当前的机器学习方法相比,它们确实提供了更高水平的决策透明度和解释能力,这对于负责任的人工智能方法来说是极为重要的问题,我们将在本书的后面看到。

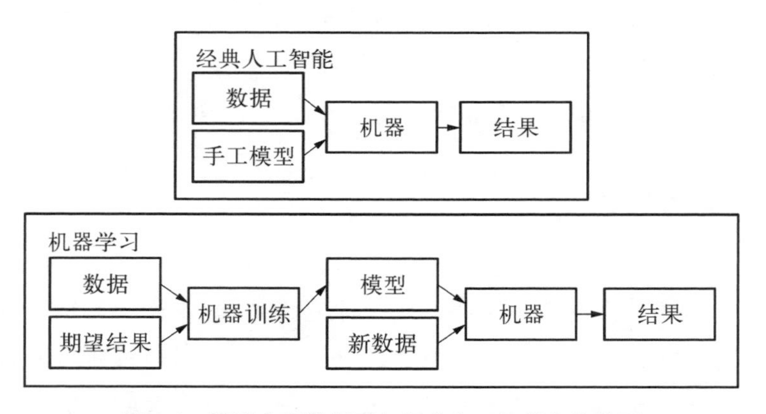

图 2.4　模型在机器学习与经典人工智能中的作用

为了减少开发域模型的困难,机器学习采用了另一种方法来进行系统开发:简而言之,工程师无须开发有关如何执行给定任务的模型或指令集,而是向系统提供有关任务和预期结果的(大量的)数据,然后期望机器从对所有这些数据的分析中得出一个模型(参见图 2.4 的下半部)。也就是说,机器学习算法描述了如何"判断"数据,以便(希望)机器能学习如何执行任务。然后,可以将所得模型用于分析新情况。

机器学习有很多方法,其中最著名的方法是监督学习、无监督学习、强化学习和深度学习。即使这些技术在目标和方法方面有所不同,但它们都旨在使计算机能够执行操作,而无须明确编程操作方法。

机器学习的目标是创建一个训练有素的模型,无须人工干预即可进行概括。不仅对于训练集中的示例,而且对于从未有过的未来案例,它都应该是准确的。为了应用机器学习,工程师从现有的数据集开始,将其分为训练集和测试集。然后,工程师选择一个数学结构,该结构表征具有可调节参数的一系列可能的决策规则(算法)。一个常见的类比是,该算法是一个应用规则的"盒子",而参数是"盒子"正面控制其操作的可调旋钮。在实践中,一个算法可能具有数百万个参数,其组合结果很难仅通过观察就理解。因此,用"黑箱"一词表示算法的不透明性。

工程师还定义了一个目标函数,该函数评估特定参数集的结果的合意性。目标函数可以通过与训练集紧密匹配或使用更简单的规则及这些规则的组合来奖励模型。训练模型是调整参数以使目标函数最大化的过程。通过将实际结果与预期结果进行比较来不断调整参数,系统会自动完成此操作。训练是机器学习中最困难和最消耗资源的步骤。参数数量越多,组合的可能性就越多,这将使搜索空间呈指数增长。成功的训练方法必须巧妙地探索参数空间。

训练完系统后,工程师将使用测试集评估所得模型的准确性和有效性。然后,可用该模型基于新数据进行预测或做出决策。此过程如图 2.5 所示。

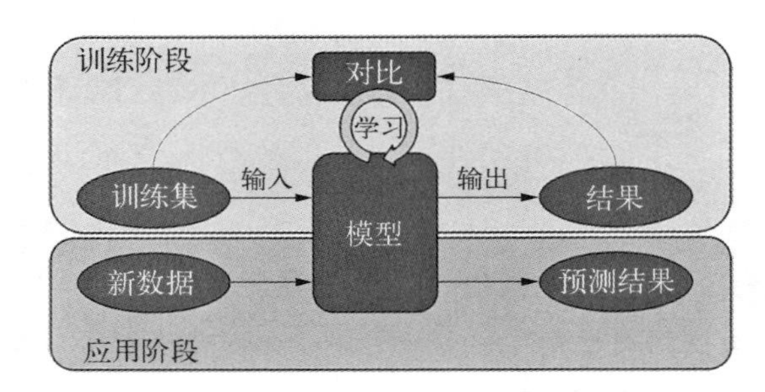

图 2.5　机器学习过程中的各步骤

2.4.2　机器学习方法

在实践中,机器学习有很多方法,每种方法在训练数据和应用不同的数学技术方面都有自己的要求。表 2.1 给出了概述,后文做了进一步解释。

表 2.1　机器学习概览

方　法		无监督学习	监督学习	强化学习
目　标		发现结构	做出预测	决　策
可能的技术	简单域	• 聚类	• 回归 • 分类	• 马尔可夫决策过程(Markov decision processes) • Q-学习
	复杂域	深度学习(多层神经网络和大型数据集)		
训练需求			标记数据	奖励函数
应用实例		客户细分	识别垃圾邮件	游戏(如围棋)

监督学习的目的是使机器学习一种功能,即在给定数据样本和预期输出的情况下,能最好地描述输入和输出之间的联系。形式上,给定一组输入值 x 及其结果 $f(x)$,监督学习的目的是学习函数 f。这主要通过统计方法来完成,如分类(对于离散函数)、回归(对于连续函数)或概率估计(对于概率函数)。图 2.6 以基于某些功能的垃圾邮件识别为例给出了分类方法的简单描述,例如是否存在常见的垃圾邮件主题、语法和拼写错误,或者自称某组织的发件人发送的电子邮件地址与该组织的(实际)邮件地址是否相同。

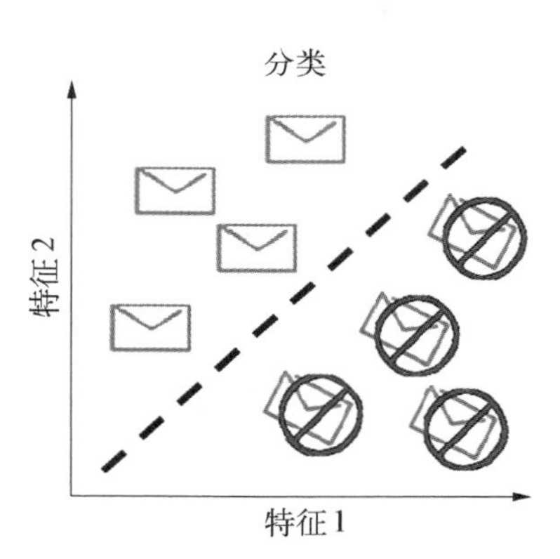

图 2.6 监督学习示例:应用于垃圾邮件识别及分类

监督学习与非监督学习之间的主要区别在于,监督学习是使用有关训练数据样本的输出值的先验知识完成的。

另一方面,无监督学习没有关于输出的任何信息,因此目标是识别输入数据中存在的任何结构或模式。无监督学习的目的是基于没有标记响应的输入数据从数据集中得出推论。最常见的无监督学习方法是聚类分析或 k 聚类,用于探索性数据分析以发现隐藏模式或数据分组。该算法迭代地将一组数据点(或实例)$x_1, \cdots, x_n$分成一组 K 个群集,其中群集元素之间的距离最小。这种方法如图 2.7 所示。

监督技术和无监督技术都可用于对域做出预测,这些技术也可用于学习在该领域中执行某些操作。在这些情况下,强化学习

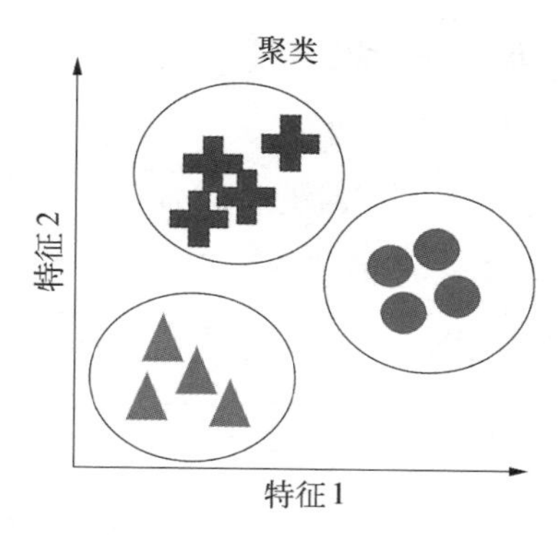

图 2.7 无监督学习示例：按形状和颜色聚类目标

技术通常是最合适的。例如，对于在未知环境中四处走动的机器人或正在学习下棋的机器，给定一系列示例/状态，并在其完成该序列后给予奖励，则机器会得知对单个示例/状态采取何种操作。

强化学习的关键是定义最能帮助能动者实现其目标的奖励功能。例如，如果目标是让机器人学习如何到达房间中的给定位置，则奖励功能可以为使其更接近目标的每个步伐提供激励，并惩罚使其偏离目标的步伐。假设一个能动者能够执行动作 $a_1,\cdots,a_n$，并且环境由一组以离散时间步长演化的状态所描述，则奖励函数 r 会将每个组合(a_i, s_t, s_{t+1})与奖励 r_{t+1}联系起来。表达式(a_i, s_t, s_{t+1})表示通过在状态 s_t时间 t 时采取动作 a_i，能动者将在时间 $t+1$ 时处于状态 s_{t+1}。[①] 此过程如图 2.8 所示。强化学习的目的是使能动者学习能够以最大可能的回报实现其目标的策略。

深度学习算法是使用神经网络模型的机器学习方法，在复杂领域中特别有用。受到我们大脑生物学的松散启发，神经网络由许多简单的连接单元（或神经元）组成。从本质上讲，它们是在尝试模拟大脑，这就是为什么了解大脑的工作原理可以帮助我们讨论人工神经网络的细节。

---

① 请注意这是非常简化的表示；在大多数情况下，这样的策略是概率性的。

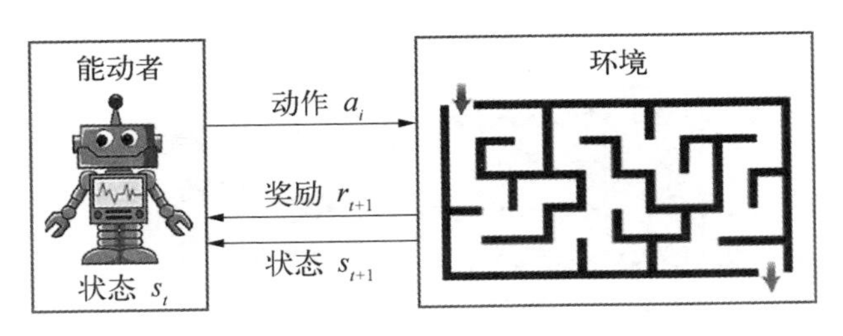

图 2.8 强化学习过程示例

在最简单的形式中,可以将大脑描述为一个大型的神经元(带有电脉冲的细胞)网络。神经元可以通过不同强度的突触将信号从一个神经元传递到另一个。每个连接的强度表明一个神经元对其连接的那些神经元的影响程度。实际上,在神经科学中,这些力量是真正的大脑信息持有者。神经元对它们接收到的信号的响应方式由传递函数描述。例如,非常敏感的神经元可能只需要很少的输入就能触发。神经元也可能有一个阈值,在该阈值以下它很少触发,在该阈值以上它会剧烈触发。

在机器学习中,我们使用描述大脑中这些过程的术语来解释和理解人工神经网络(ANN),该网络也由节点(或神经元)组成,这些节点(或神经元)由具有不同强度的复杂连接网络链接而成。但是,与大脑不同,神经网络中的连接通常是单向的。然后,将人工神经网络组织为输入和输出节点,这些输入和输出节点通过多个中间层的节点(称为隐藏节点)相连。例如,在图像识别应用程序中,第一层单元可能会合并图像的原始数据以识别图像中的简单模型;第二层单元可能会结合第一层的结果来识别模型的模式;第三层可能会结合第二层的结果;等等。人工神经网络的结构如图 2.9 所示。

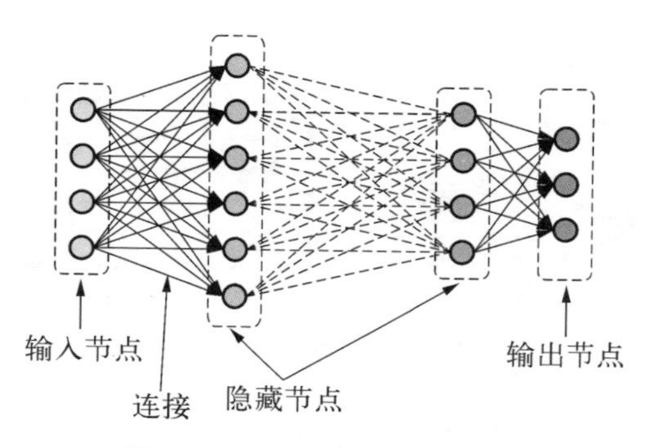

图 2.9　人工神经网络示例[83]

在人工神经网络中，每个神经元使用传递函数来组合一组输入值以产生输出值，然后将其传递到下游与其连接的其他神经元上。假设节点 y 通过权重为 $w_1, \cdots, w_n$ 的连接方式连接到一组输入节点 $x_1, \cdots, x_n$，则节点 y 的输出是这些输入 $f(w_1 \cdot x_1, \cdots, w_n \cdot x_n)$ 的函数。这是节点 y 传递给其后继节点的信息，其概率由其阈值确定。学习是通过被称为反向传播的过程进行的，在该过程中，最后一层反复请求上一层调整其权重，直到结果接近预期值。

深度学习网络是人工神经网络的一种特殊类型。深度学习网络通常有数千层，并且经常在每一层使用大量节点，以便能够识别数据中极其复杂、精确的模式。

尽管神经网络模型自 AI 出现以来就已经存在，但直到最近研究人员引入了新方法来训练神经网络时，神经网络模型才变得有意义。2006 年，杨立昆（Yann LeCun），约书亚·本吉奥（Yoshua Bengio）和杰弗里·辛顿（Geoffrey Hinton）或多或少并行地成功开发了工作方法[83]。其中包括一种新型的优化器（随机梯度下降)。该方法使用非监督数据对模型进行预训练,以自动进行特征提取;并对神经网络本身进行改进(传递函数和初始化)。

用以代表和训练能够处理现实问题的神经网络的计算能力和数据的日益增长,使得每种方法都成为可能。这些超大型网络在许多机器学习任务中的巨大成功使一些专家感到惊讶,并引发了 AI 研究人员和从业人员对机器学习的热情。深度学习的一个著名的成功先例是吴恩达(Andrew Ng)及其同事的工作[82],他们能够制造出巨大的神经网络并用大量数据对其进行训练(在此例中,是训练网络以识别 YouTube 视频中 1 000 万张猫的图像)。

2.4.3 机器学习中的问题

由于机器学习在解决特定任务方面取得了成功,因此很容易推断和想象具有更广泛和更深入功能的机器。许多人似乎忽略了特定领域的、任务导向的性能与人们展示的一般智能之间的巨大差距,从机器学习跳到了一般人工智能。但是,这种推断是不正确的。

首先,即使在单一领域内,机器学习也不是一个水晶球。学习总是基于可用数据,并且只有在未来能以某种方式包含现在的情况下,基于数据的方法才能预测未来。同样,即使许多模型在诸如图像标记之类的特定任务上能够取得比人类所拥有的能力更好的性能,但最好的模型也可能以无法预测的方式失败。例如,操纵图像是可能的,但即使是经过良好训练的模型也可能将图像错误地标记,尽管它们永远无法愚弄人。而且,最重要的是,学习后的模型最多只能和用于训练的数据一样好。当此数据包

含偏差或错误值时,或者当不能以确保隐私并且基于许可的方式正确获取它时,算法将无法得知这些情况。它仅仅识别它在数据中观察到的模式,从而可能导致有偏差的或错误的结论。

机器学习的另一个挑战是,通常无法提取或生成关于为何获得特定结果的简单解释。由于训练后的模型具有大量可调整的参数,因此训练过程通常会产生"有效"的模型(即它与可用数据匹配),但不一定是最简单的模型。这意味着即使以数学精度了解决策程序,也可能只是获取了很多的信息而无法清晰地解释。这就是所谓的"黑箱"效应。此外,基于一系列预期为特定目的收集可用数据,意味着模型包含统计设置、收集数据的人的偏好或偏见。无法识别此情境依赖性可能导致算法提供的建议中存在潜在的偏见。因此,重要的是我们不仅要了解机器学习的工作原理,还要确保流程和决策方法的透明性以及对数据的正确管理。我们将在第4.3.3节中进一步讨论这些问题。

此外,机器学习和AI的空前流行意味着这些术语经常被滥用。听媒体和许多企业的承诺可能会使人(错误地)相信机器学习无处不在,并且每种算法都是机器学习算法。但是,当前的成功发生在相当狭窄的应用领域。我们仍然无法对这些领域进行归纳,甚至推广到相当类似的领域。例如,虽然算法成功学习了如何玩围棋或识别图片中的猫,但是当我们想将算法应用于跳棋或识别狗时,仍需要从头开始训练。

另一个常见的误解是将人工智能与数据分析等同起来。确实,两者都涉及应用各种统计算法,获取见解,从而支持决策。结果,这两个术语有时被用作同义词,尤其是在商业应用中,供应商、开发人员和顾问将数据分析解决方案看作 AI。例如,高德纳(Gartner,一家美国咨询公司)遵循这种趋势,将 AI 定义为一种比非 AI 能够更快地、以更大容量进行分类和预测的技术。[①] 但是,AI 和数据分析并不相同,它们之间的主要区别在于结果如何处理。数据分析是统计方法在大型数据集上的实际应用,目的是提供有关该数据的见解,供决策者使用。而机器学习旨在使机器能够直接(在许多情况下是自主地)对这些见解采取行动。

2.5 交互性

人工智能的主要关注点是创造与人和其他机器进行有意义交互的机器。通过将人与机器智能相结合,我们可以做出有意义的决策并采取有意义的行动,这些决策和行动原本单纯依靠人类或机器都是无法完成的。也就是说,交互可以产生新的推理形式,从而优化决策并增强创造力,并通过优势互补来提升人和机器的智能。

无论交互是偶然的、重复的、有规律的还是受管制的,每一方都会受到交互的影响。这意味着,当事方将以响应其合作伙伴的行为来动态修改自己的行为。此外,交互通常会争取协作,这是基于假定参与者的自身资源和能力是有限的,因此每个参与者都需要其他的可以扩展自己资源和能力的各方。也就是说,参与者

---

① https: //www. gartner. com/smarterwithgartner/use-artificial-intelligence-where-it-matters/.

在一起时比单独时更好。

在AI发展的早期,人们将很多精力放在自主性上,以构建可替代特定任务中人员的系统。在这些情况下,不需要交互。AI系统代替人而工作,而不是与人协作:替换而不是增强。

如今,重点是人工智能系统与人的共存,在各种情况下,智能人工制品与人并肩工作。在AI系统与人的交互中,每一方都具有各自不同的技能和功能,可以极大地提升效果。对于影响人与机器交互效果因素的研究比AI本身还古老。早在1951年,费茨(Fitts)便试图以HABA-MABA框架("人类更擅长-机器更擅长"框架)来系统地表征人与机器的一般优缺点。[52]

人工制品可以是具象的(例如机器人)或虚拟的(例如聊天程序或决策支持系统),但应将其视为队友。这种人工制品被称为协作机器人。在这些情况下,交互功能变得至少与自主性同样重要。而且,随着协作机器人变得更加精通自己的任务,它们也变得与他人交互得更好。实际上,请想象一下,"一群从事动态的、快节奏的、现实世界的协作的人,有一个完全能够独自执行任务但缺乏协调自己与他人活动所需技能的同事,那将是多么麻烦。"[22]

因此,应将AI系统设计为可交互的。

人工智能系统以自然方式与我们互动的能力对于确保它们能够与他人互动并与他人建立联系至关重要,这可以优化人们的体验并提升人们的整体满意度和幸福感。这就要求它们使用自然的交互媒体,例如自然的语言和非语言交流,并且要求它们的设计师对人们想要和需要与AI系统建立什么样的关系有很好的理解。在这一领域,类人AI的发展是一个重要的研究主题,即看起来和行动起来像人类的机器人和虚拟角色。这是当前许多激烈讨论的焦点,本书将在 4.3.2 节中进一步阐述。

2.5.1 人机交互

关于交互,AI 系统可以分为两个主要类别:

• 虚拟能动者,即在物理世界中不存在直接表现的软件系统。交互通过计算机接口进行。示例包括个人助理(可以使用多模式界面、复杂的自然语言、查询处理技术和高级可视化技术);可以帮助监视、分析和理解复杂的、不确定的、突发性的事件的智能系统(例如在网络安全或灾难管理中);网络化的多能动者系统(可帮助解决传感器集成或物流计划中的数据决策问题等);以及互动游戏和模拟中的化身或角色。越来越多的不可见界面(如传感器网络或手绘手势)被用于人与虚拟系统之间的交互。

• 具象系统,即嵌入 AI 技术的物理存在的人工制品,其中包含传感器和效应器,并且可能具有物理移动性。例如,用于工业、商业、军事、太空等领域或安全应用领域的机器人,自动驾驶汽车,智能家用电器和专用硬件。机器人是此类系统的普遍示例,而不是类人制品的科幻影像,它们最有效的应用包括在危险环境中(如核电站、装有简易爆炸装置的战区或受污染的区域)的搜救活动,作为医疗和外科手术工具、残障或认知障碍者的陪伴机器人或简单的机器人吸尘器等。

人们创造了使他们的生活更轻松的机器,但他们越来越依赖于这些机器来进行日常活动。例如路线规划和位置查找、日历帮助或信息搜索等。因此,必须了解这种合作的协同作用以及可能出现的潜在风险。交互不仅仅是功能分配或从一个参与者到另一参与者的责任转移,它需要彼此之间信任,双方接受彼此的局限性。它还要求机器能够解释其决策,这一问题我们将在第4.3.1节中进一步讨论。

2.5.2 情感计算

提供信息和情感支持是在情感计算领域研究社会互动的重要方面[99]。情感计算和社交机器人的最新发展表明,虚拟能动者和机器人越来越具有社交和情感对话的能力,如 Adam 等互动玩具,该玩具使用情感策略使儿童参与对话。[2]还有一种能够进行说服性情感对话的多模式具象化对话能动者(ECA)[28]。

由于没有统一的建模情绪的理论,因此情感计算社区中出现了许多计算模型。但是,我们的智能手机和家庭中的语言助手集成(如 Alexa,Siri,Google Home 等)的兴起将促进系统的发展,这些系统很快将能够理解用户的情绪并对其做出反应。因此,我们可以预期情感主体架构将在研究实验室之外变得越来越可用。

情感在社交互动中必不可少,因为它们为应对社交互动和我们的自然环境的复杂性提供了一种机制。但是,在与计算机系统交互的过程中使用情绪并不是没有争议的。一方面,情绪从根本上被看作是人类的基本情感:这正是使我们与机器区分开来的特征。此外,皮卡德(Picard)辩称:“不能仅因为我们所知道的每个现存的智能系统都具有情感,就认为智能也需要情感。”[99]换句话说,人工智能系统不一定需要识别、使用或显示情绪才可有效。然而,许多其他人则认为,智能有赖于社会互动以及由这些互动所引起的情感,因此它不能脱离其社会情感基础。根据"马基雅维利智能"(Machiavellian intelligence)假说的理论,激烈的社会竞争曾经是(现在仍然是)人脑进化为高度复杂的系统的主要原因[62]。

根据评估理论(最流行的情感建模方法),给定的情感状态来自对个人的周围环境、处境或情境线索的评估。随着这些情绪及其强度的变化,个人可能会表现出某些生理行为和认知行为。这些行为反过来可能会进一步改变个人的周围环境,从而导致对情况的进一步评估,也称为再评估。随着时间的流逝,再评估会成为一个反馈循环,使个人能够体验不同的情绪状态。评估理论的计算机模型通常由几个相互关联的模块组成,这些模块旨在利用情绪和人格特征来影响能动者的计划和行为[38]。

人工智能与情感之间的关系引发了许多伦理问题。情绪最终是个性化的和私人的。许多人认为开发能够识别、显示或以其他方式使用情绪的系统是不道德的。本书将在第 4.3.2 节中进一步讨论此问题,讨论与类人 AI 相关的责任问题。

2.6 结束语

为了解 AI 对社会的影响,并能够以负责任的方式设计、部署和使用 AI,了解 AI 是什么很重要。在本章中,我们介绍了 AI 的不同解释和研究领域以及当前 AI 系统的最新技术,讨论了这些方法的含义和局限性。

2.7 延伸阅读

任何有关人工智能的教科书都有助于对于该主题的进一步理解。我推荐罗素和诺维格编写的经典 AI 教科书,该教科书在世界各地的高等教育课程中使用:

Russell S. and Norvig P., *Artificial Intelligence: A Modern Approach*, 3rd ed (New York: Pearson Education, 2009).

关于 AI 的哲学方面,我推荐 AI 的创始人之一约翰·麦卡锡(John McCarthy)的反思,获取网址: http://jmc.stanford.edu/articles/aiphil2.html。

为了更深入地理解本章所讨论的内容,我推荐以下内容:

• 关于自主性能动者: Wooldridge M., *An Introduction to Multiagent Systems* (New York: John Wiley & Sons, 2009).

• 关于机器学习: Michalski R. S., Carbonell J. G. and Mitchell T. M., *Machine Learning: An Artificial Intelligence Approach* (Berlin: Springer Science & Business Media, 1983).

• 关于人与能动者/机器人的交互: Goodrich M. A. and Schultz A. C., "Human-robot interaction: a survey," *Foundations and Trends in Human-Computer Interaction*, 2007, Vol. 1, No.3, pp.203 – 275; Ruttkay Z. and Pelachaud C. Eds., *From Brows to Trust: Evaluating Embodied Conversational Agents* (Berlin: Springer Science & Business Media, 2004).

符合伦理的决策

“伦理可以让我们辨别什么是有权做的事，什么是应该做的事。”

波特·斯图尔特(Potter Stewart)

我们将在本章介绍主要的伦理学理论，并讨论人工智能系统如何对其决策的伦理基础和后果进行推理并在这些决策中考虑人的价值。

3.1 引言

随着智能机器的普及，研究人员、政策制定者和一般公众都越来越关注伦理的意义。大部分关注点都与机器做出具有或缺乏伦理性质的决策能力有关。在本章中，我们将讨论能够在决策过程中考虑人类价值观和伦理原则的机器设计。这首先要求我们了解描述伦理学如何用于决策的理论。因此，第 3.2 节简要介绍了哲学伦理学的主要理论。

确定什么是“善”意味着人们需要知道什么是基础价值。不同的人和社会文化环境对于道德和社会价值观的优先级考虑和解释是不同的。因此，除了理解如何根据给定的伦理理论做出道德决定外，我们还必须考虑所涉及的人和社会的文化与个人价值观。我们将在第 3.3 节中对此进行讨论。

伦理问题涉及对与错、好与坏的判断以及正义、公平、美德和社会责任的问题。因此，我们在这里将伦理推理定义为从各种立场上识别、评估和发展伦理论证的能力。大多数人能够做出提高或降低自己和他人生活质量的行为，并且通常都知道帮助与伤害之间的区别。但是，当面临某些困境或决策时，每个人都根据自己的个人价值观使用自己的标准，这导致人们在相似的情况下做出不同的决策。通常，伦理差异是不同个体对当前情况进行解释的结果,并且可能是文化、政治或宗教性质的。为了解释这些差异并描述伦理行为应该是什么,人们提出了各种哲学伦理学理论。

本章重点介绍 AI 系统做出符合伦理的决策的能力,或更准确地说,像人类那样做出符合伦理的决策的能力。这就提出了人工制品的伦理能力问题。由于 AI 系统具有更高的智能、自主性和交互能力,人们越来越意识到并期望它们充当道德能动者。也就是说,在交互过程中,用户期望 AI 系统的职责和责任与人类团队成员一样[95]。这些期望引发了职责和责任问题,以及人工智能根据人类价值观行事和尊重人权的潜力的问题。

最后,无论其体系结构和规格如何,AI 系统都是基于给定的计算原理构建的。正如我们在第 2 章中看到的那样,这些体系结构可以有所不同。但是,期望机器表现出伦理行为意味着需要考虑能够进行伦理推理的计算结构,以及实现这些的必要性。针对这一目标,第 3.4 节介绍有关伦理推理的实践经验,表明结果如何根据所考虑的伦理理论而变化。接着,在第 3.5 节中,我们概述对于已知的伦理状况可能的推理过程。

当前有关 AI 行为的伦理理论的讨论促使政府和其他组织提出了应对伦理挑战的解决方案。我们将在第 6 章中进一步讨论这个问题。

尽管 AI 提供了使我们能够更好地理解道德能动者能力的工具,但赋予人工系统伦理推理能力却引发了关于责任性和责备性的问题,我们将在第 4 章中进行讨论。

确定由于系统错误、设计缺陷或操作不当而导致事故的责任，已成为AI研究的主要问题之一。考虑到智能机器正日益提升人类社会基础设施（如能源网格、公共交通系统），这一点尤为重要。使用伦理体系来解释人工系统的决策和行动会引发一些问题，这些问题对于我们对这些系统的理解具有深远的意义。

3.2 伦理学理论

伦理学（也称为道德哲学）研究的问题是人们应该如何行事，以及拥有“美好”生活（即值得生活的生活——一种令人满意或幸福的生活）意味着什么？今天的哲学家通常将伦理理论划分为三大主题领域：元伦理学、应用伦理学和规范伦理学。元伦理学研究伦理原则的起源和含义。也就是说，它旨在了解伦理的含义、作用和渊源，理性在伦理判断中的作用以及人类普遍的价值观。

将伦理学应用到道德考量中，涉及审查诸如安乐死、动物权利、环境问题或核战争等具体的、有争议的问题。智能人工系统和机器人的行为也是实践伦理学日益关注的焦点[129]。

规范伦理学试图通过探索我们如何评价事物并确定对错来确定事物应该如何发展。它试图制定一套规范人类行为的规则。规范伦理学与理解伦理原则并将其应用于人工系统的设计特别相关。

规范伦理学中有几种思想流派。我们将重点放在对人工道德推理特别重要的三个方面：结果主义、道义论和美德伦理学。目的不是要全面说明规范伦理学，而是要展示这些思想流派之间的主要差异和相似之处，以及它们如何确定不同的行为。①

结果主义(或目的论伦理学)认为，一项行动是否道德取决于该行动的结果。结果主义以最简单的形式规定，当面临在几种可能的行动之间选择时，道德上正确的行动是具有最佳总体后果的行动。因此，可以得出这样的结论：如果行为导致相同的后果，则在道德上同样可以接受。结果主义理论对诸如“什么样的后果算作良好的后果?”“谁是道德行为的主要受益者”以及“由谁来判断后果?”这样的问题进行反思。结果主义有各种形式，包括约翰·斯图亚特·米尔(John Stuart Mill)[91]和杰里米·边沁(Jeremy Bentham)[106]的著名的功利主义。功利主义指出，最佳行动是使效用最大化的行动，其中效用通常被定义为有情感的实体的福祉。

道义论是规范的伦理立场，它根据某些规则来判断某项行动的道德性。这种伦理方法的重点是采取某项行动，而不是其后果如何。它认为，在做出决策时应考虑一个人的职责和他人的权利。道义论有时被称为义务论，因为它们将道德基于特定的义务基础原则。道义系统被认为是自上而下的道德方法，因为它们规定了要遵循的一组规则。一个例子就是康德的“绝对命令”[35]，它把道德根植于人的理性能力，并主张某些不可侵犯的道德法则。绝对命令是说一个人应该按照他或她希望所有其他理性人都遵循的准则行事，就好像这是一条普遍法则。康德进一步指出，为了遵守道德，人们必须按照职责行事。因此，采取的行动是

① 有关伦理，特别是规范伦理的更多信息，我们参考了《斯坦福哲学百科全书》等：https：//plato.stanford.edu。

对还是错,取决于执行者的动机而不是其后果。

美德伦理学关注的是一个人的固有品格,而不是他或她所执行的特定行为的性质或后果。美德伦理学强调养成良好品格习惯(例如仁慈)的重要性。该理论识别美德,为解决美德之间的冲突提供实践智慧,并主张一生实践这些美德会带来幸福和美好的生活。亚里士多德把美德看作是"幸福"(通常由希腊语翻译为幸福或福祉),并强调发展美德的重要性,因为美德为幸福做出了贡献。他说,美德是调节我们情绪的良好习惯,并指明了其中的 11 种美德,认为大多数美德都处于性格特征的"中位"(相对于极端性格)。后来中世纪(基督教)神学家用基督教的"三位一体"补充了亚里士多德的美德清单。

从上面的简短描述中应该清楚地看到,依据不同的伦理理论将导致做出不同的决策。例如,假设有人需要帮助。结果主义者将研究如何帮助他以最大限度地提高其福祉;道义论者指出,帮助就是按照道德准则行事,比如"像对待自己一样对待他人";美德伦理学家会争辩说,帮助这个人就是慈善的或仁慈的。表 3.1 比较了这些理论。

表 3.1　主要伦理范畴的比较

	结 果 主 义	道 义 论	美德伦理学
描述	如果一个行动能产生最好的结果,即最大限度地提高幸福感,那么这个行动就是正确的	如果一个行为符合道德规范或原则,那么它就是正确的	如果一个行为是一个有德行的人在某种情况下做出的,那么这个行为就是正确的

续 表

	结果主义	道义论	美德伦理学
中心关注	重要的是结果，而不是行动本身	人必须被视为目的，绝不能被用作手段	强调行动者的性格
指导价值	善行（通常被视为最大的幸福）	正确（理性就是一个人的道德义务）	美德（导致获得幸福感）
实践推理	最适合大多数人（手段-目的推理）	遵守规则（理性推理）	实践人性（社会实践）
审议重点	后果（行动的结果是什么？）	动作（动作与某些命令相符吗？）	动机（行为是由美德驱动的吗？）

关于规范伦理学，还有许多其他观点，例如双重效应原则(DDE)、较小罪恶原则和人权伦理学，可以看作是上述主要理论的替代或扩展。DDE 指出，故意造成伤害是错误的，即使它带来了好处。但是，如果伤害不是故意的，即仅仅是行善的意外后果，则可以接受。DDE 主要关注意图，而不是行为或行为后果。根据 DDE 的说法，如果有不良影响的行为是有意为之，则为该行为辩护比无意为之更为困难。

人权伦理学是另一种道义论的方法，认为人类拥有的绝对自然权利是伦理本性中固有的，而不取决于人类的行为或信仰。根据人权或人的尊严，每个人都有不可估量的价值。因此，在涉及人类生活时，我们不能使用功利主义方法来计算“最适合大多数人”的行为。例如，在电车困境中，人是一个人还是几个人都没有区别；每个生命都和所有生命的整体一样重要。举一个应用这种

观点的真实例子,德国政府颁布了一项法律,允许当局击落被恐怖分子劫持的客机。该法律有效地允许故意杀害平民(飞机乘客),以保护其他平民免受伤害。有些人认为该法律是不可接受的,并且有悖于人的尊严的价值,这是德国宪法中最核心的价值。①

最后,较小罪恶原则是结果主义的一种形式,认为解决道德冲突的唯一出路是违反其中一种道德立场,选择较小的罪恶。例如,如果我们认为撒谎比帮助凶手少了很多罪恶,那么这种方法就暗示我们可以撒谎。该理论意味着可以部分地根据道德价值对行为和情况进行排序。但是,这种排序已受到一些人的质疑。

3.3 价值观

伦理推理的主要挑战之一是在给定情况下确定要考虑哪些道德价值观以及它们的优先级。价值观(例如诚实、美丽、尊重、环保、自我增强)是人类决策的主要驱动力[101,108]。施瓦茨(Schwartz)认为,基本价值观是指能够激励行为并超越特定行为和情况的理想目标。因此,可以将价值观视为衡量两种情况之间的差异或比较替代计划的标准。

价值观结合了两个核心属性:

- 泛型:价值是泛型的,可以在各种具体情况下实例化。通

① 参阅 http://www.bundesverfassungsgericht.de/entscheidungen/rs20060215_1bvr035705en.html。

过这种方式，它们可以被视为非常抽象的目标(例如，吃得好、锻炼和避免压力都有助于实现拥有“健康”这一价值的抽象目标)。

- 比较：人们可以根据该价值对不同情况进行比较(例如，根据“健康”价值，你应该选择沙拉而不是比萨)。从这个意义上说，价值成为衡量不同维度行为效果的指标。

这意味着价值是抽象的且与情境无关，因此不能轻易地直接对其进行度量，而只能通过其解释或实现来对其进行度量。例如，“财富”价值可以包括金钱以外的资产，但可以用某人拥有的金钱数量来粗略估计。米塞利(Miceli)和卡斯泰尔弗朗西[89]深入讨论了间接使用这种价值的后果。

为了加强决策能力并考虑更广泛的决策，个人倾向于依赖多种价值(例如，保护环境和增加财富)。但是，价值观会导致矛盾的偏好。例如，在雨中骑自行车可能对环境有益，但会使人浑身湿透，如果要出席重要会议显得不专业。

为了处理这些矛盾，价值系统在内部按照两个排序规则对价值进行排序。第一个规则是价值之间的相对关系。施瓦茨[108]在一个圆圈中描绘了基本价值，指出这些价值之间的固有对立，即该圆圈中的相对位置(见图3.1)。圆上靠得很近的价值沿相同的方向起作用，而相对位置的价值驱使人们朝向相反的方向行动。例如，“成就”和“仁慈”是相互矛盾的价值观。这意味着，通常尝试做一些对自己有利的事情(自我增强)，不一定对他人有利(自我超越)。例如，通过支付低工资来获得更多利润，对雇主积累财富有利，但对雇员却不利。但是，价值的对立并不意味着一个价值排除了另一个价值。这主要意味着它们通常朝着不同的方向

图 3.1　施瓦茨的价值模型[108]

“拉”，并且必须找到平衡点。例如，如果工资太高，公司便可能破产，那么根本无人获利。

在施瓦茨的分类中，沿着四个维度确定了十个基本价值。这些维度是指激励行动并超越特定行动和情况的理想目标：

（1）开放：自我指导和激励。

（2）自我增强：享乐主义、成就和权力。

（3）保守：安全、合规与传统。

（4）自我超越：仁慈与普适主义。

因此，考虑到行动的相对优先顺序，价值可作为指导选择或评估行动的标准。

第二个规则是个人喜好。即一些价值观相对于其他价值观更重要。当评估具有冲突的价值时，人们倾向于选择满足其最重要价值的方案（例如，对某个人而言，健康比财富更重要，即使他购买的健康食品比垃圾食品更昂贵,他也倾向于购买健康食品)。一个人价值观的重要程度决定了它们在冲突时将如何保持平衡。文化也是如此。施瓦茨证明了道德价值观在不同文化之间是相当一致的,但这些价值观在不同的文化中处于不同的优先地位[73,107]。这些社会价值观也影响着个人的道德决策。

不同的价值优先级将导致不同的决策。因此,在确定 AI 系统进行道德审议的规则时,确定一个社会或群体拥有哪些价值观很重要。

3.4 实践中的伦理

伦理推理对于解决道德困境特别重要,道德困境是在道德要求发生冲突且其中任何一个要求都不能超越另一个的情况下出现的[114]。面对道德困境,每个选择都有自己的道德理由。不同的人可以做出截然不同的决定。从伦理的角度来看,没有解决这些难题的最佳方案。实际上,不同的伦理理论将导致不同的解决方案。了解这些差异对于设计能够处理此类难题的 AI 系统至关重要。

鉴于 AI 系统具有越来越大的自主性以及它们在实际场景中的应用,这些系统迟早会遇到需要某种伦理推理的困境。我们较为关注的一类案例是,自动驾驶汽车在决定采取行动时可能会面临的伦理困境,两种行动方案都会给人们带来有害后果[17]。这就是众所周知的电车困境[58]。这种假想长期以来在哲学和伦理学讨论中使用,它假设一辆失控的电车正在轨道上加速,轨道上有五个人被绑住且无法移动。观察者控制着一个拉杆，该拉杆可以在电车撞到这五个人之前切换轨道至替代轨道，但是在替代轨道上也有另一个人被束缚并且无法移动。观察者的道德困境是：我应该什么都不做，让电车杀死这五个人，还是拉动拉杆杀死另一个人？这种困境在自动驾驶车辆场景中通常涉及伤害乘客或行人的决定。① 图 3.2(a)描绘了原始场景[58]，图 3.2(b)描述了上述涉及自动驾驶汽车案例的改进方案。

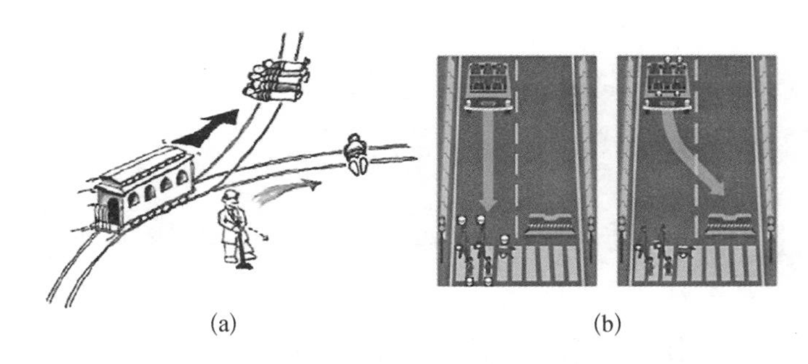

(a) (b)

图 3.2 伦理困境：电车和自动驾驶汽车

(a) 原始电车困境 (b) 道德机器的困境[17]

电车场景是假设性的，但它对于我们考虑希望 AI 系统在某些情况下做出的行为是十分有用的抽象模型。除自动驾驶汽车外，其他类型的 AI 系统也将需要面对和解决道德困境。例如，当智能药品分配器没有足够的药品时，可能需要在两个患者之间进行选择。搜索救援机器人可能需要优先注意某些受害者；或保健机器人可能必须在用户的期望和最佳护理之间进行选择[31]。

① 参阅 http://moralmachine.mit.edu，最著名的涉及自动驾驶汽车的道德困境研究。

在本节中，我们分析了在第 3.2 节所述的不同伦理学理论下，预期会自动采取行动的 AI 系统如何应对困境。但是，需要注意，解决这些难题的方案不是唯一的，并且可能不是最合适或最理想的解决方案。正如我们将在第 4 章中看到的那样，“人机回圈”的解决方案通常最适合大多数情况，因为它们可以更明确地分配职责。但是，责任不仅仅在于实际采取决定的个人，还在于支持、约束这种情况的社会、法律和基础设施。我们将在第 5 章中进一步讨论这个问题。

在考虑如何在 AI 系统中实施道德商议机制时，我们必须记住，道德困境没有单一的最优解决方案。困境恰恰来自需要在两个“坏的”选项之间进行选择。在 AI 系统需要做出的许多符合伦理的决策中，一个典型的例子是，自动驾驶汽车如果被迫在伤害其乘客或伤害行人之间做出选择，将面临两难困境，如图 3.2(b)所示。但是，这个难题实际上是一个隐喻，用来强调自主机器可能遇到的伦理挑战，而不是着眼于描述现实的情况。毕竟，这是极不可能出现的情况，即自动驾驶汽车或人没有时间或技能来避免事故，而只有伤害谁的选项。此外，请注意，电车困境假设：① 对世界状况的了解是可靠和完善的，或者足够好；② 能实现完美控制，因此知道行动的结果；③ 有足够的时间进行考虑。

纯粹出于说明目的，我们采用了第 3.2 节中描述的伦理理论来确定图 3.2(b)所示情况下自动驾驶汽车的潜在反应，目的是表明每种理论都有可能导致不同的决策以及该决策的合理性，而不是表明解决方案本身的现实性。

- 遵守结果主义的或功利主义的汽车将专注于其行动的结

果,并使用手段推理出为大多数人所选择的最佳结果。因此,它将最大限度地挽救(人类)生命。

● 遵守道义论的或康德主义的汽车将考虑其可能采取的行动的道德,并避免选择预期会给人造成伤害的行动。因此,如果它知道转弯会对他人造成伤害,则它将不会选择主动转弯的动作。

● 遵守美德论(美德伦理学)的汽车会关注其动机,并会考虑有伦理的能动者将采取何种行动。然后可能会确定,最具伦理性的做法是保护行人,因为他们最脆弱。

同时,我们要注意,个人在伦理困境中做出的决定也会受到个人优先考虑的价值观的影响。不难发现,优先考虑享乐的行为者与优先考虑普适性的行为者所做出的决策一定是不同的。

3.5 实施伦理推理

许多研究人员认为,对于在 AI 系统中实施伦理推理在伦理上和实践上都有很多反对意见[79]。这些反对意见包括:由于自主系统不会感到痛惜,因此它们无法对道德困境做出适当的回应。而且这些系统缺乏解决不同情况下道德困境所必需的创造力。在本节中,我们将站在人类视角,考虑对任何给定情况进行伦理推理的总体过程。应该清楚的是,这种类型的推理所涉及的功能远远超出了 AI 系统当前可以实现的功能。在第 5 章中,我们将深入讨论是否应该在 AI 系统中实施伦理推理,以及这些推理的挑战是什么。

为了使能动者应用伦理理论所建议的道德推理类型,首先需要确定其处于具有伦理维度的情况。这是一个复杂的过程，不仅需要复杂的推理能力，还需要强大的传感器、执行器和足够的计算能力，以实时做出决策。目前，大多数 AI 系统都无法实现其中的大多数功能。简而言之，以符合伦理原则的方式评估和选择选项的过程可能包括以下步骤[115]：

(1) 认识到有事件发生，做出反应。

基于通过其传感器接收的信息，能动者必须能够确定需要采取措施的相关情况。例如，汽车的传感器指示其行驶路径中存在障碍物。然后，汽车需要确定如何应对这一障碍。根据传感器的质量，它可以确定大小和材料，无论是人、动物还是物体，甚至可以确定其性别、年龄、状态，以及如图 3.2(b)所示的对于伦理推理必不可少的所有其他要素。然而，当前的技术远远不能达到这种感知水平。

(2) 确定事件具有伦理维度。

然后，能动者需要确定可能的伦理维度。为此，需要确定哪一方可能会受到潜在反应的影响。对于能动者可能采取的每个行动，都需要确定潜在的正面和负面后果及其可能性和严重性。所有这些都需要极其复杂的推理和足够的有关已有情况的数据。

(3) 对产生问题的伦理解决方案承担个人责任。

能动者需要确定解决当前情况是自己的责任，还是应该向用户或其他行为者(例如警察或道路当局)发出警报。我们将在第 5.5 节中讨论这些“人机回圈”的问题。

(4) 确定相关的原则、权利和司法问题。

一旦能动者确定必须采取行动，就需要弄清楚什么样的抽象伦理规则可能适用于该问题(包括所有相关的伦理准则)。这包括上述推理的类型,以及对有关当事方权利以及正义与公平问题的评估。在此,确定决策是否受到某些偏见或认知障碍的影响也很重要。

(5) 确定如何将这些抽象的伦理规则实际应用于问题,以提出具体的解决方案。

(6) 最后,能动者需要生成一个行动过程,然后行动。

关于行动主要的问题是,是否有计算机(或人类,对此事件)能够实时地收集和比较所应用的理论所需的所有信息[6]。对于结果主义方法来说,这个问题显得尤为严重,因为任何行动的结果在时间上或空间上基本上都是不受限制的,因此我们需要决定系统在评估可能结果时应该走多远。对于道义论或美德论方法,这个问题仍然存在,因为职责之间的一致性通常只能通过分析其在空间上和时间上的影响来评估。强化学习技术可以用作分析伦理行为的演变和适应的手段,但这需要进一步的研究。

不同的伦理理论在所需审议算法的计算复杂度方面有所不同。为了实施结果主义的能动者,需要对行为后果进行推理,可以通过游戏理论方法,或通过模拟动作的所有可能后果等来实现。对于道义论能动者,需要更高阶的功能来推理动作本身。就是说,能动者必须意识到自己的行动能力及其与制度规范的关系。这种类型的规范推理是通过形式化的方法完成的,例如运用道义的逻辑。最后,美德论能动者需要推理自己的动机,动机会导致行动,行动会导致后果。这些是更复杂的方式,并且需要用心智理论模型等分析他人(有德性的例子)在当前情况下的反应,并处理行动对他人造成的感知效果。

3.6 结束语

在本章中，我们了解了在道德困境中如何使用伦理学来指导审议，并考虑了 AI 系统进行此类审议的可能性。

最重要的是，要了解社会如何理解和接受这些决策。在一项实证实验中，马勒(Malle)发现“人们对机器人施加的规范(期望采取行动胜于不作为)和人们对机器人的指责(行动者少，失败者多)”都存在差异[86]。此外，本章所提出的方法在实施道德审议方面存在不同的计算问题。我们需要进一步研究来了解由不同方法驱动的哪些决策对于用户是可接受的和有用的。

3.7 延伸阅读

要阅读有关伦理学的更多信息，《斯坦福哲学百科全书》是一个很好的信息来源，参见 https://plato.stanford.edu。

为了进一步理解本章所讨论的内容，我推荐以下书目。

关于道德机器实验：

- Bonnefon J.-F., Shariff A. and Rahwan I., “The social dilemma of autonomous vehicles,” *Science*, 2016, Vol. 352, No. 6293, pp. 1573-1576.
- Kim R., Kleiman-Weiner M., Abeliuk A., et al., “A Computational Model of Commonsense Moral Decision Making,”

ACM, *Artificial Intelligence*, *Ethics and Society* (AIES), 2018, pp. 197 - 203.

关于自主机器的道德推理:

• Wallach W. and Allen C., *Moral Machines: Teaching Robots Right from Wrong* (Oxford: Oxford University Press, 2008).

• Malle B. F., "Integrating robot ethics and machine morality: the study and design of moral competence in robots," *Ethics and Information Technology*, 2016, Vol. 8, No. 4, pp. 243 - 256.

第 4 章

承担责任

"如果我们自己都不知道,机器又如何知道我们的价值?"

约翰 · C. 黑文斯(John C. Havens)

我们将在本章讨论如何确保以负责任的方式开发人工智能系统。

4.1 引言

既然我们已经讨论了什么是人工智能(AI)以及伦理理论对于理解 AI 的影响的作用,现在我们将注意力转向与人类价值观相一致并可以信任的 AI 系统的实际开发上。

人工智能具有巨大的潜力,可以为整个人类活动带来准确、高效、低成本,并提供有关行为和认知的全新见解。但是,人工智能的开发和实施方式很大程度上决定了它将如何影响我们的生活和社会。例如,自动分类系统可能提供有偏见的结果,因此引发了有关隐私和偏见的问题;而自动驾驶汽车的自主性引起了人们对安全性和责任性的担忧。AI 的影响不仅涉及 AI 的研发方向,还涉及如何将这些系统引入社会。关于人工智能的使用将如何影响劳动、福利、社会交往、医疗保健、收入分配以及其他社会相关领域还存在争议。处理这些问题需要考虑伦理、法律、社会和经济方面的因素。

人工智能将影响每个人。这就要求在开发 AI 系统时确保包容性和多样性。也就是说,在确定系统目的时要真正考虑全人类。因此,负责任的 AI 还要求所有利益相关者的知情参与,这意味着教育起着重要作用,既要确保广泛传播有关 AI 潜在影响的知识,又要使人们意识到他们可以参与塑造社会发展。AI 发展的核心应该在于"AI 造福人类"和"AI 为了所有"的理念。我们将在第7章中进一步讨论此问题。

研究人员、政策制定者、整个行业和整个社会都越来越意识到，需要用设计和工程途径来确保安全、有益和公平地使用AI技术，并考虑到机器做出符合伦理和法律的相关决策，以及评估AI的伦理和法律地位的意义。这些途径包括用于系统设计和实施、治理和监管过程以及咨询和培训活动(确保所有人都能了解并能够参与讨论)的方法和工具。

在此过程中，要认识到AI并不能独立存在，必须将它理解为社会技术关系的一部分。我们需要一种负责任的人工智能方法。不仅要确保系统开发顺利，还要确保系统开发是出于善意的。本章的重点是了解这种方法应该是什么样的、谁是负责方，以及如何决定应该开发哪些系统。

关于负责任的人工智能，我们应该关注，智能自主系统的决定和采取的行动会产生具有伦理性质的后果。这些后果是真实而重要的，而与AI系统本身是否能够推理伦理无关。因此，负责任的AI为行动提供了指导，对于AI系统以及对我们而言最好将其视为行为准则。

所有开发系统的过程都需要设计师、开发人员和其他利益相关者做出一系列的决策，其中许多决策具有伦理性。通常，在设计过程中会牵涉许多不同的选项和决策，但在许多情况下，没有一个明确的"正确"选择。这些选择不能仅仅由系统的设计者来决定，也不能仅仅由制造或使用系统的人来决定，而是需要社会意识和知情讨论。确定AI系统可以做出哪些决策以及确定如何开发这样的系统，都要基于伦理，需要负责任的方法。最重要的是，这意味着必须公开这些选项和决定并开放审查。这与 AI 系统是否具有伦理推理能力的讨论不是同等性质，但至少同等重要，我们将在第 5 章中进一步讨论。

> **负责任的人工智能不仅仅是在一些伦理"选项框"里打钩或在人工智能系统中开发一些附加动能。**

在各个层面上和各个领域中，企业和政府正在或将要在许多产品和服务中应用 AI 解决方案。要让普通大众从被动采用或拒绝 AI 技术到站在 AI 创新的最前沿，探索并反思人工智能的潜在成果和影响，这是至关重要的。因此，人工智能的成功不再仅仅取决于财务利润，而是如何与人类福祉直接联系。将人类福祉作为发展的核心，不仅为创新提供了可靠的秘诀，而且还提供了一个现实的目标以及衡量 AI 影响的具体手段。我们将在第 6 章中进一步讨论教育问题。

在本章中，我们首先研究负责任的研究与创新（RRI）方法如何支持技术和服务的开发，以及负责任的 AI 如何从此类方法中学习。然后，我们介绍负责任的 AI 的基本原则，即适应性、责任感和透明性。然后，我们介绍"价值设计"方法论，以指导负责任的 AI 系统的开发。最后，我们讨论如何将这些原理整合到系统开发生命周期框架中。

4.2 负责任的研究与创新

鉴于 AI 系统在人类社会中的根本性的、深远的影响，AI 技术的发展离不开其社会技术背景。要对社会、伦理和政策影响充分理解，就要分析其实施的更大背景。在本节中，我们描述如何将负责任的研究与创新愿景应用于AI系统的开发中。

RRI描述了一个研究和创新过程，其中考虑了对环境和社会的影响和潜在冲击。

关于RRI的方法和观点有很多，其中一些关注环境影响，而另一些关注社会影响，但从根本上讲，RRI是以参与为基础的。也就是说，RRI要求所有社会行为者（研究人员、公民、政策制定者、企业、非政府组织等）在整个研究和创新过程中共同努力，以使该过程及其结果更好地与社会的价值观、需求和期望保持一致。RRI应该被理解为一个连续的过程，它不止于图纸描绘，而是贯穿整个过程，直到将最终的产品和服务引入市场。

4.2.1 了解RRI的流程

RRI被定义为“一个透明的、互动的过程，通过该过程，社会参与者和创新者可以相互回应，着眼于创新过程及其可销售产品（伦理上）的可接受性、可持续性和社会期望性”。

RRI过程如图4.1所示。[①] 该过程应确保各方都参与制定研究和创新方向。多样性和包容性要求广泛的利益相关者参与早期创新过程，以确保系统开发团队和利益相关者之间的多样性和包容性，扩充知识、专业技能、学科和观点的来源。开放性和透明

① 摘自 https://ec.europa.eu/programmes/horizon2020/en/h2020-section/responsible-research-innovation。

性要求就项目的性质,包括资金/资源、决策过程和治理,进行公开、明确的沟通。要求公开提供数据和结果,确保通过问责制对项目进行严格的审查,从而建立公众对研究和创新的信任。前瞻性和反思性要求从多种角度了解当前的研究和创新背景。这就需要在短期和长期内考虑环境、经济和社会影响。还有必要确定和反思个人和机构的价值观、设想、做法和责任。最后,需要响应性和适应性来应对动态环境以及可能出现的知识、数据、观点和规范。RRI 过程需要(设计者)与利益相关者保持持续的互动,并具有改变思想和行为方式以及角色和责任的能力,以响应情境中新出现的观点和见解。

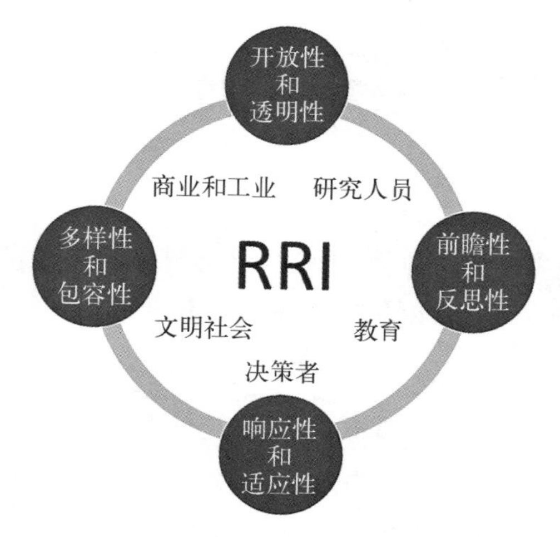

图 4.1　负责任的研究与创新(RRI)过程

4.2.2　AI 系统开发中的 RRI

计算自主性和机器学习的进步使 AI 系统无须人工直接控制

即可做出决定和采取行动。这意味着应特别注意对系统演化的分析以及确保其不会导致不良影响。

这需要一种负责任的人工智能方法以确保安全、有益和公平地使用AI技术，考虑机器决策在伦理方面的影响，并定义AI的法律地位。此过程的重点应该是确保正在开发的AI应用程序获得广泛社会支持，这是通过关注人类价值和福祉来实现的。此外，要使整个社会真正能够从AI的所有发展中受益，就需要教育普及，以及诚实、易懂的AI阐述。只有这样，每个人才能够理解AI的影响，并从其成果中真正获益。因此，人工智能中的RRI应该包括确保当前和未来所有利益相关者接受适当和广泛教育的步骤，并建立人工智能责任治理模型。我们将在第6章中进一步讨论这些问题。

确保负责任地设计系统有助于增强我们对其行为的信任，并且要施行问责制，这样就能够解释和证明决策的合理性和透明性，使我们能够理解系统做出决策的方式和使用的数据。为此，我们提出了问责制、责任制和透明性（ART）原则。ART原则遵循第4.4节中概述的“价值设计”方法，确保以透明的和系统的方式将人的价值观和伦理原则及其优先级和选择明确地纳入设计流程。

人工智能的真正责任不仅仅在于我们如何设计这些技术，也在于我们如何定义它们的成功。即使构建的系统安全、可靠、遵守法律法规并在经济上可行，它仍可能对人类和社会福祉产生巨大的负面影响。心理健康、情绪、身份、自主权或尊严等问题是使我们成为人类的关键因素，而这些并非由通常的关键绩效指标来衡量。通过“联合国人类发展指数”①和“真实发展指数”②等来衡量幸福感的多种标准已在使用中。商界领袖和政府多年来都致力于实施“三重底线”③的思维方式，以表彰在社会和环境问题以及财务问题方面做出贡献的人。许多公司也在使业务与联合国的可持续发展目标保持一致。④ 因此，负责任的 AI 开发必须包括考虑衡量人类和社会福祉的指标。

4.3 人工智能的 ART 原则：问责制、责任制、透明性

遵循第 2 章中对 AI 的描述，在本章中，我们假设智能系统（或能动者）是一个能够感知其环境并思考如何采取行动以实现自己目标的系统，并假设其他能动者可能共享相同的环境。因此，人工智能系统的特征在于它们具有自主权，它们通过学习环境中发生的变化以及与其他主体交互以协调其在该环境中的活动，可以决定如何采取行动，具有适应能力[57,104]。

这些属性使能动者能够有效地处理我们生活和工作的各种环境：时间和空间上不可预测的、动态的环境，以及从未遇到过的情况的环境。如果 AI 系统有能力并且有望在这样的环境中运行，那么它们应该令人们相信不会表现出不良的行为。或者至少我们能够限制意外行为的影响。针对这些问题的设计方法对于人们信任

① 参阅 http://hdr.undp.org/en/content/human-development-index-hdi。
② 参阅 https://en.wikipedia.org/wiki/Genuine_progress_indicator。
③ 参阅 https://en.wikipedia.org/wiki/Triple_bottom_line。
④ 参阅 https://sustainabledevelopment.un.org/。

和接受AI系统作为复杂的社会技术环境的一部分至关重要。

为了反映社会对AI影响的关注,并确保以负责任的方式开发AI系统,纳入社会和伦理价值,如第2章所述,这些自主性、适应性和交互性特征应与可信赖的设计原则相辅相成。我们提出了以责任制[40]来补充自主性、以问责制来补充交互性、以透明性来补充适应性。这些特征与技术系统直接相关。但是,人工智能系统的影响和后果远远超出了技术系统本身的范围。因此,人工智能系统应被视为一种社会技术系统,涵盖了涉及的利益相关者和组织。

因此,负责任的和可信赖的AI的ART原则适用于AI社会技术系统。也就是说,要解决ART问题,就需要用一种社会技术方法来设计、部署和使用系统,并将软件解决方案与治理和法规交织在一起。而且,即使每个ART原则都可以应用于AI系统的各个方面,每个原则对于特定的特性也都是必不可少的,如图4.2所示。也就是说,真正负责任的AI没有某种形式的责任制就不会拥有自主性,没有问责制就没有交互性,没有透明性就不会有适应性。从系统开发的角度来看,ART原则要求使用新的方法将AI系统的伦理性和社会影响整合到工程过程中。最重要的是,ART原则要求所有人,包括研究人员、设计师、程序员、经理、提供者、用户以及整个社会进行训练和认可,以使他们每个人都能理解并承担其在整个过程中的作用。

负责任AI的ART原则可总结如下:

- 问责制是指系统能够向用户和其他相关角色解释并证明其决策合理性的要求。为确保问责制,决策应源自所使用的决策

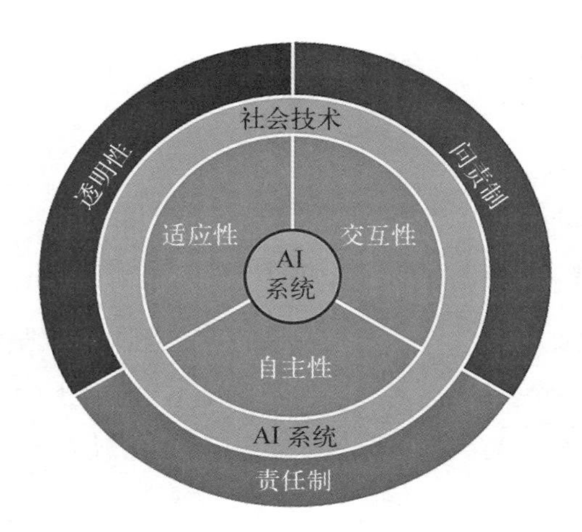

图 4.2　ART 原则：问责制、责任制、透明性

机制并由其解释。它还要求以公开的方式面向所有利益相关者，传达出有关系统目的及其运作解释的道德价值观和社会规范。

• 责任制是关于人类自身在与 AI 系统的关系中所扮演的角色。随着责任链的增长，需要采取措施将 AI 系统的决策与其输入的数据以及参与该系统决策的利益相关者的行动联系起来。责任不仅仅在于制定规则来管理智能机器，它还涉及该系统运行其中的整个社会技术系统，包括人员、机器和机构。

• 透明性是指描述、检查和再现 AI 系统做出决策并学习适应其环境的机制的能力，以及系统使用和创建数据的来源和动态的能力。此外，如果我们可以确保与系统相关的所有事务的公开性，人们对系统的信任将得到改善。因此，透明性还意味着对涉及数据源、开发流程和利益相关者的选择和决策要明确和开放。利益相关者还应参与所有使用人类数据或影响人类或可能在道德上产生重大影响的模型的决策。

鉴于此特征，我们将在本章以下各节中进一步定义 ART 原则。总体而言，这些原则为 AI 系统的设计提供了信息。也就是说，ART 原则对 AI 系统的设计和架构提出了要求，这些要求将决定开发过程和系统的架构。

请注意，即使问责制和责任制经常作为同义词使用，但是这两个术语之间存在根本区别。简而言之，问责制是指能够解释或报告某人在事件或行动中角色的能力，而责任制是某人履行对自己的行为负责的义务。责任制包含法律责任，并且在完成任务或行动之前就已经存在。问责制只有在采取行动或不采取行动之后才可见。当一个人将某项任务委托给代理时，无论是人工代理还是人类代理，该任务的结果仍然是委托人（主要负责人）的责任，如果事情不顺利，委托人将承担责任。但是，代理必须能够报告任务的执行方式，并解释该执行过程中的最终问题。这是通常用于解释人与自主系统之间关系的委托-代理理论的基础[48]。

4.3.1 问责制

问责制是实现负责任的 AI 的首要条件。问责制是进行报告的能力，即能够报告和解释个体的行动和决定的能力。人们愿意信任自主系统的一个关键因素是该系统能够解释为什么采取一定的措施[70,134]。① 问责制的另一个重要方面是确保依靠安全可靠的

① 参阅 GDPR 法规：http：//data.consilium.europa.eu/doc/document/ST - 5419 - 2016 - INIT/en/pdf.

设计过程,解释和报告有关系统目标和假设的选项,并进行选择和限制[60]。在下文中,我们将进一步讨论问责制的这两个方面。

出于多种原因,解释与信任 AI 系统有关。首先,解释可以减少系统的不透明性,并支持对其行为和局限性的理解。其次,当系统确实出错时,事后剖析的解释(使用某种记录系统,例如航空中使用的“黑箱”)可以帮助调查人员了解出了什么问题。

不仅在 AI 系统发生错误时进行解释特别重要,而且当系统做出好的但出乎意料之事时解释也很重要。例如它采取了人类不会采取的但却适当的行动方案,这是因为人类没有意识到一些信息,或者是因为人类受限于思考方式。而且,即使犯错的是人,人工智能系统的决策似乎也比人类的决策具有更高的标准[86]。造成这种情况的一个可能的原因是,为一些错误的辩护(例如感到分心或困惑)只是人的有效论点的“借口”,不适用于机器。需要进行解释的另一个原因是,机器被假定为没有道德推理能力,而人类默认情况下被假定为道德能动者。鉴于机器缺乏道德能动性和同理心,社会将需要对机器(伦理方面)推理能力的证明,或者至少是对系统可以做出的决策范围的保证。目前,我们没有看到任何清晰的描述,更不用说对这些证据的性质达成共识[42],这将需要更多的研究。

在建立解释机制时,务必要牢记,解释应该是对于人类可理解的和有用的,因此,我们应该考虑相关的社会科学文献[92]。根据米勒(Miller)[92]的观点,解释应该是对比性的,即回答“你为什么做 X 而不是 Y?”;选择性的,即选择相关因素并呈现这些因素;社会性的,即呈现相对来讲解释者认为可令听众(即被解释者)相信的内容。鉴于解释过程可以看作是系统与其用户之间的对话，因此它也应遵循格赖斯(Grice)质量、数量、方式和相关性的对话准则[67]。

问责制还意味着我们需要了解系统设计之外的基本原理。因此，系统的设计应根据其对社会、伦理和法律的影响以及其运行环境的特征做出灵敏的响应。在设计过程中做出的决策应具有伦理意义。也就是说，设计不仅是功能的实现，而且是建设性的：它以重要的方式影响着实践和社会。为了在设计过程中考虑规范性因素，第一步是确定并阐明系统的总体(伦理)目标、特定设计环境中的人类价值观以及受正在设计中的AI系统影响的利益相关者。价值设计方法论[60,125]已成功应用于许多不同技术的设计，并且有可能保证AI系统的负责任开发。我们将在第4.4节中进一步讨论用于AI系统开发的价值设计方法论。

4.3.2 责任制

当前，每一天都有关于AI系统的功能以及对于它们在社会中的作用提出疑问的新闻和评论文章。这就引出了许多有关对于系统和来自系统的责任的问题。AI系统做出决策意味着什么？他们的行为和决定在道德上、社会上和法律上有什么后果？AI系统可以对其行为负责吗？一旦这些系统的学习能力使它们进入与初始设计大相径庭的状态，那么又该如何控制这些系统呢？

为了回答这些问题，必须首先明确的是，无论系统的自主程度、社会意识和学习能力如何，AI系统都是人们为特定目的而构建的工具，即人工制品。也就是说，即使系统是为问责制和透明性而设计的，也不能替代人类的责任。这意味着，即使系统能够通过从使用情境中的学习来修改自身，这些修改也会基于特定目的。归根结底，我们人类才是确定这一目标的人。

在开发的所有阶段(即分析、设计、构造、部署和评估阶段)都需要理论、方法和算法来将社会、法律和道德价值观整合到AI的技术发展中。这些框架必须处理我们认为具有伦理影响的机器的自主推理，但是最重要的是，必须确定谁是决策设计的焦点和向导的"我们"，并确保用于机器决策的责任分配。

在第2章中，我们讨论了自主性问题以及如何在人工智能中理解和处理自主性。特别是，在第2.3.2节中，我们反思了一个事实，即在大多数情况下，人工智能系统的自主权是指其制定自己的计划并在可能的行动间进行决策的自主性。这些动作原则上可以追溯到某些用户指令(例如个性化设置)、制造设置或设计选择。即使系统已经发展，通过从与环境的交互中学习，它所学到的东西也取决于构建目的和所具备的功能。扫地机器人永远不会自己学习如何洗衣服或清洁窗户。自动驾驶汽车也不会学习如何飞行，即使这可能是满足用户需求的最合适方案。这些系统不仅受到其物理特性的限制，而且也受到其认知能力的限制：系统学习使用其输入的方式取决于系统的构建目的。

尽管当前有关AI系统责任的讨论很多，但涉及当前最先进的系统，基本上就在于两件事：① 机器按照预期的方式工作时，责任在于用户，与其他任何工具一样[26]；② 由于错误或故障导致机器异常运行时，开发商和制造商应承担责任。机器的行为是学习的结果这一事实不能被视为免除开发人员责任的依据，因为这实际上是他们设计算法的结果。但是，这是一个难以预料和难以保证的结果，这就是为什么需要使用一些方法来根据给定的伦理和社会原则不断评估系统行为。这些方法包括通过验证或观察来证明AI系统符合伦理规范[30,37,113]。

请注意，学习能力以及适应能力是大多数AI系统的预期特征。通过适应，系统便可以按预期运行。这使目标更加明确，并且可以使用各种工具和方法来确保学习不会出错。当前对此问题的研究包括对低效运行程序的定义（例如，关闭系统或要求操作员干预），以及测试系统面对对抗性攻击的脆弱性（例如，通过使系统暴露于各种恶性环境中）。

因此，责任是指人们在开发、制造、销售和使用AI系统时所承担的职责。

人工智能中的责任也是法规和立法问题，尤其是在尊重法律责任的情况下。政府决定如何规范和执行产品的法律责任，而立法机关则决定如何解释特定情况。例如，如果药泵修改了所服用的药量，谁将对其负责呢？或者当预测性警务系统错误地识别犯罪者时，（责任在于）软件的构建者，还是那些已经将系统训练到当前使用环境的人，还是授权使用该系统的当局，或者是对系统的决策进行个性化设置以满足其偏好的用户？这些都是复杂的问题，但是责任始终与所涉及的人员相关，涉及产品和服务责任的现有法规可以在很大程度上处理这些责任。现有法律阐述了制造商、分销商、供应商、零售商和向公众提供产品的其他人如何以及何时对这些产品造成的伤害和问题负责，在一定程度上明确了AI产品相关的责任。但是，也有很多争论认为应专门针对AI制定新的法规，从仅仅修改现有责任法到实施更极端的方法，例

如授予 AI 法律人格,以便可以识别责任方。欧洲议会在 2017 年 2 月的一项议案中建议采用后者。这项针对智能机器人的议案提议为机器人建立特定的法律地位,“以便使最复杂的自主机器人至少可以具有负责弥补可能造成的任何损害的电子人的身份,并有可能将电子特征应用于机器人自主做出决策或与第三方进行独立交互的情况”[50]。必须指出的是,欧洲议会的目的并不是要承认机器人是有意识的实体,或者是像河流和森林等的生物系统,而是具有责任、权利和义务的法律主体,其目的是促进商业和法律程序。然而,基于技术、伦理和法律论据,许多研究人员和实践者都强烈反对该提议。在一封公开信中[1],人工智能和机器人技术专家指出:“从技术角度来看,这种陈述基于对甚至是最先进的机器人实际能力的过高估计、对不可预测性和自我学习的肤浅理解,因此存在许多偏见,人们对机器人的感知因科幻小说和近期一些轰动性的新闻发布而扭曲”。此外,这些专家基于现有的法律和伦理先例对这项提议表示谴责,因为在这种情况下,“机器人将拥有人权,例如享有尊严权、完整权、报酬权或公民权,因此直接面对人权”。这将与《欧洲联盟基本权利宪章》和《保护人权与基本自由公约》相抵触。此外,法律人格模型意味着在法律主体背后有人来代表和指导法律主体,而 AI 或机器人却不是这种情况。总而言之,可以预见,在未来几年中 AI 监管领域会取得如火如荼的发展。

最后,责任还与 AI 系统的体现和人性化的设计决策有关。AI 系统何时、为什么应该表现出拟人化特征?就在最近,Google Duplex 演示发布之后,公众一片哗然,该演示显示了一个聊天机器人,而其行为方式使用户认为它是一个人。关于汉森机器人公司(Hanson Robotics)的索菲亚(Sophia)机器人[①]以及其在联合国大会或欧洲议会中进行干预的意义等也有了许多讨论,仅举几例。这些事件使系统在其目前所不具备的智能性和自主性方面具有了一定的可期望水平。实际上,与联合国或其他观众交流的不是机器人索菲娅,而是汉森机器人公司的公关部门。不应掩盖它们看似自主实则为"木偶"的这一事实。尽管众所周知,人们会趋向于将所有类型的对象(玩具、汽车、计算机等)拟人化,但在AI系统设计中故意使用拟人特征时仍需要对这些选择的后果进行大量关注和深刻理解。尤其是在与弱势用户(例如年幼的儿童或痴呆症患者)打交道时,设计师要承担巨大的责任,因为他们必须选择在系统中实现哪种拟人特征。

这些拟人特征越现实,人们对系统功能的期望就越高。另一方面,设计师和制造商应意识到故意冒充他人的身份是值得警惕的责任来源。

4.3.3 透明性

ART原则第三条是透明性。当前在算法透明性方面付出了很多努力,使得运用算法制定的决策对于使用、规范和受这些算法影响的人们是可见的或透明的。从严格意义上讲,这是一个"红色鲱鱼"[②]。通过公开代码和数据并对其进行检查可以解决透明性问题。但是,仅靠这种解决方案是不够的:不仅会侵犯开

① 参阅 https://www.hansonrobotics.com/。
② 指转移注意力的话题。——译者注

发算法的人的知识产权和商业模型，而且在大多数情况下，这些代码对大多数用户而言意义不大。

机器学习中的不透明性，即所谓的“黑箱”算法，经常被认为是人工智能透明性的主要障碍之一。正如我们在第 2.4.2 节中讨论的那样，机器学习算法被开发的主要目的是提高功能性能。即使每个组件的功能通常不是很复杂（通常采用某种统计回归方法），但庞大的组件数量仍使整个系统难以分析和验证。这些复杂的算法经过优化，可以为当前问题提供最佳解决方案（例如识别图片、分析 X 射线影像或对文本进行分类），它们通过将输出微调为特定的输入就可以估算函数的结果（从而给出方案），而无须洞悉正在估算的函数的结构。

另一方面，机器学习算法根据人们所生成的数据来进行训练和推理，包括其所有缺点、偏见和错误。为了提高透明性，越来越多的研究人员、从业人员和政策制定者意识到需要应对数据和算法的偏见。但是，这说起来容易做起来难。所有人都使用启发法来形成判断和做出决定。启发法是简单的规则，可以高效地处理输入，从而确保通常适当的反应。启发法在文化上受实践的影响和加强，这意味着启发法会加剧思维上的失误和实践中的基本误解，产生偏见和成见。而且，有时偏见不是失误，而是反映现实的各个方面，例如社会经济水平与犯罪率或获得信贷之间的关系。实际上，即使数据集不存在特定属性，基于这种相关性，（这些特定属性）也可以由 AI 系统学习并用作代理，从而增强种族差异。[①]

① 有关此问题的更多信息请参阅文献[97]。

因此，偏见是人类思维固有的，是从人类行为过程中收集到的数据中不可避免的特性。

因为当前机器学习算法的目的是识别数据中的模式或规律，所以很自然地，这些算法将遵循数据中存在的偏差。实际上，数据反映了现实的各个方面，例如种族和地理位置之间的相关性。因此，即使在决策中使用某些属性（例如种族）可能是非法的，这些相关性也会通过机器学习算法被发现，而且被系统识别并被用作指标，从而增强偏见。实现算法透明性的目的是确保机器不会受到偏见影响，即不会根据数据中的这些偏见采取行动。消除算法“黑箱”（即提供检查和评估所用算法的手段）并不会消除偏差。这样也许令我们更好地了解算法的运作，但系统仍将强制执行在数据中“看到的”有偏见的模式。尝试从数据中消除偏差的另一个困难是存在不同的偏差度量标准，并且这些标准天差地别。不过，机器学习可以帮助我们识别可能不知道的反映在数据中的明显的和隐蔽的偏见。除了偏见之外，数据的其他问题，包括不完整（关于所有目标组的信息不足）、不良的治理模型（导致篡改和数据丢失）和过时（数据不再代表目标组或情境）的问题，还需要透明性来解决。

在整个学习和训练过程中，开放和控制比消除算法“黑箱”可更好地提高透明性。[①] 如果能够确保所有与系统相关事务的公开性，人们对系统的信任就会提高。这可以通过将软件和需求工程原理应用于 AI 系统的开发来完成。通过确保连续、明确地报告开发过程可以分析、评估和调整决策和选项。以下清单举例说

① 参看图 2.5 中关于机器学习的流程。

明了必须维护的并可供利益相关者检查以支持公开性和透明性的信息类型。图 4.3 中的清单描述了为确保设计过程的透明性而应考虑的问题。

1. 数据的开放性
● 使用什么类型的数据来训练算法？
● 算法使用什么类型的数据来做决策？
● 训练数据的环境是否与使用环境相似？
● 如何管理（收集、存储、访问）这些数据？
● 数据的特点是什么？数据有多久了、从哪里收集的、由谁收集的、如何更新的？
● 数据是否可用于重复性研究？

2. 设计过程的开放性
● 假设是什么？
● 有哪些选择？选择的理由和不选择的理由是什么？
● 谁在做设计选择？为什么这些团体参与其中而不是其他团体？
● 如何确定选择？是由多数同意还是共识达成？可一票否决吗？
● 使用了哪些评估和验证方法？
● 对噪声、不完整性、不一致性如何处理？

3. 算法的开放性
● 进行优化的决策标准是什么？
● 这些标准的合理性如何？正在考虑的是哪些价值观？
● 这些理由在我们设计的环境中是否可以被接受？
● 可能会出现哪些形式的偏见？采取了哪些措施来评估、识别和防止偏见？

4. 对参与者和利益相关者的开放性
● 谁参与了这个过程，他们的利益诉求是什么？
● 谁会受到影响？
● 用户是谁，他们是如何参与的？
● 参与是自愿的、有偿的还是被迫的？
● 谁在付出、谁在控制？

图 4.3 透明性检查清单

其中的许多问题都可以通过在 AI 系统的开发中应用适当的软件工程程序来解决。根据 IEEE 的说法，软件工程是“在软件开发、操作和维护中应用系统、规范、可量化的方法”。这可确保利益相关者的要求得到收集和记录。① 此外，使用系统的、有条理的、可量化的方法可支持比较分析，支持代码维护和测试策略，并允许对数据治理和数据来源进行精确规范。

无论如何，都需要重新考虑机器学习的优化标准。只要算法设计的主要目标是提高功能性能，算法将仍然是“黑箱”。要求将重点放在确保伦理原则上，并将人的价值置于系统设计的核心，就要求研究人员和开发人员将目标转向提高透明性而不是性能，这将催生新一代算法。这可以通过法规执行，也可以通过教育来支持。我们将在第 6 章中进一步讨论这个问题。

4.4 价值设计

在本节中，我们讨论上一节中描述的 ART 原则指导 AI 系统开发的实用方法。价值设计是一种方法论的设计方法，旨在使道德价值观成为技术设计和研发的一部分[124]。价值通常是高级的抽象概念，很难在软件设计中纳入。为了设计能够处理道德价值的系统，需要在具体的操作规则中解释价值。鉴于其抽象性质，价值可以用不同的方式进行解释。价值设计过程应确保可以

① 此要求是指功能性和非功能性要求，包括系统应该强制执行或遵循的价值观。参见第 4.4 节“价值设计”中的更多内容。

追踪和评估系统设计和运行中价值及其具体解释之间的联系。

在 AI 系统的开发过程中,采用价值设计方法意味着该过程需要包括以下程序:① 识别社会价值,② 确定道德审议方法(例如通过算法、用户控制或法规),以及③ 将价值与形式上的系统要求和具体功能联系起来[5]。

AI 系统是计算机程序,因此是根据软件工程方法开发的。但是,与此同时,包括尊重人类尊严、人类自由与自主、民主与平等在内的基本人权必须成为 AI 设计的核心。传统上,对人的价值观和伦理规范在软件开发中的作用的关注是有限的。在所做出的决策和所做出的选择中隐含了价值与正在开发的应用程序之间的联系。尽管伦理原则和人的价值观是系统要求的基础,但要求引发过程仅描述了最终的要求,而不是基本的价值。此过程的问题在于,由于价值的抽象性质,可以通过多种方式将价值转换为设计要求。如果将价值及其向要求的转换隐含在开发过程中,则无法分析导致特定选择的决策,而且人们也无法灵活利用这些价值的替代转换。

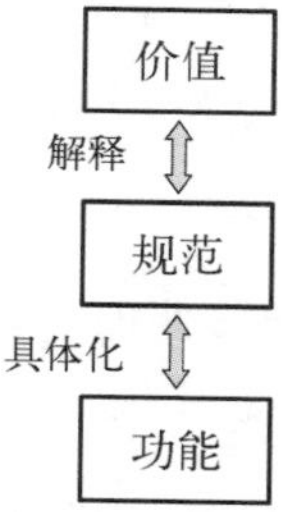

价值

解释 ⇕

规范

具体化 ⇕

功能

图 4.4 从价值到规范再到功能,然后返回

图 4.4 描述了 AI 系统的高级价值设计方法。

要了解价值设计方法,可参考抵押贷款申请的决策系统开发的例子。可以假定该系统的一项价值是“公平”。但是,“公平”可以有不同的规范性解释,即可以由不同的规范或规则来解释。例如平等地获得资源,或者获得平等的机会,这可能导致截然不同的行动。举一个非常简单的例子，使每个人平等地使用给定财产意味着将根据财产的价值做出决策，而机会均等则意味着将基于与财产的价值无关的事项(例如收入和年龄等)做出决策。因此，有必要明确设计使用的是哪种解释。该决策可以通过要求和法规来告知，例如机会均等的选择符合国家法律规定，也可能是由于创建系统的人员或团队的某些偏好。

我们还需要明确系统中规范的实施方式。这将取决于情境，但也受那些设计者的个人观点和文化背景的影响。例如，机器学习相关文献确定了以机会均等视图实现公平的不同方法，例如人口平等[98]①或均等概率[4]②。它们的结果具有完全不同的功能。如果没有明确说明采用哪种方法来实现公平概念，就不可能比较不同的算法或了解其决策对不同人群的影响。

价值设计方法使我们能够正式确定这些选择及其关联，以在动机改变的情况下支持验证和适应[3]。在上面的描述中，我们遵循了价值设计过程的自顶向下的视图，该过程显示了基于给定的价值如何实现规范和功能。因此，可以说，机会均等的准则是为了实现公平[122]。这种关系也可以扭转过来，以表明机会均等的准则在给定的背景下可以视作(counts-as)是公平的[76,109]。

我们需要使用形式验证机制进行精确解释，以将价值与规范联系起来，并将这些规范转换为具体的系统功能。对于形式规范

① 人口平等意味着一个决定，如接受或拒绝独立于给定的属性(被称为受保护属性)的抵押申请，例如性别。

② 均等概率旨在平衡受保护属性之间的分类误差，以实现相等误报率、相等正报率或两者兼而有之。

系统的研究提出了基于“counts-as”概念的这种解释的一种表示形式,即关系“X counts-as Y”被解释为仅与特定情境有关的包容[3,68]。

把这些联系形式化并明确显示,可以改进整个开发过程中价值(结果)的可追溯性。可追溯性提高了应用程序的可维护性。也就是说,如果需要以不同的方式实现价值,则价值与应用程序之间的显式联系使确定应用程序的哪些部分应更新变得容易得多。同样,如果需要更改或更新系统功能,则必须能够识别与该功能相关联的规范和价值,并确保更改可以完整地保持这些关系。此外,价值与规范之间的关系比单纯的“转换”更为复杂,它还要求对域的概念和含义有一定的了解,即域的本体。例如,是否将某物视为个人数据以及是否应该这么做,取决于应用程序域如何解释“个人数据”一词[127]。

价值设计方法可以为设计、管理和有效利用 AI 应用程序提供指导,以便价值可以被系统识别并被明确地纳入设计和实施过程。因此,价值设计方法论提供了支持以下过程的手段:

- 确定利益相关者;
- 体现所有利益相关者的价值观和要求;
- 提供收集所有利益相关者的价值观和价值解释的方法;
- 在价值、规范和系统功能之间保持明确形式的联系,使系统能够根据其基本价值适应不断发展的观念和对执行决策的辩护;
- 支持系统根据基本的社会和伦理观念选择系统组件,尤其当这些组件是由具有潜在不同价值观的不同组织构建或维护时。

这些问题表明需要一种多层的软件开发方法,这种方法要保持与价值的连接的明确性。接下来，我们基于文献[5]提出的价值敏感软件开发（VSSD）框架，提出了一种负责任的AI设计方法。在软件设计中，体系结构决策考虑了关键的设计问题以及所选解决方案背后的原理。这些是关于整个应用程序的有意识且有目的的开发决策，这些决策会影响（非功能性）特性，例如软件质量属性。软件工程方法的一项基本成果是保证这些体系决策的明确性。

如图4.5所示，该框架将传统的软件工程问题与价值设计方法联系在一起，为AI系统的设计提供了信息。一方面，如上所述，价值设计（图的左侧）描述了价值、规范与系统功能之间的联系。另一方面，域的需求（图的右侧）表达了域的功能性的、非功能性的和物理性的/操作性的需求，决定了软件系统的设计。AI系统必须遵循两个方向，即满足域的要求，同时确保与社会和伦理原则相一致。

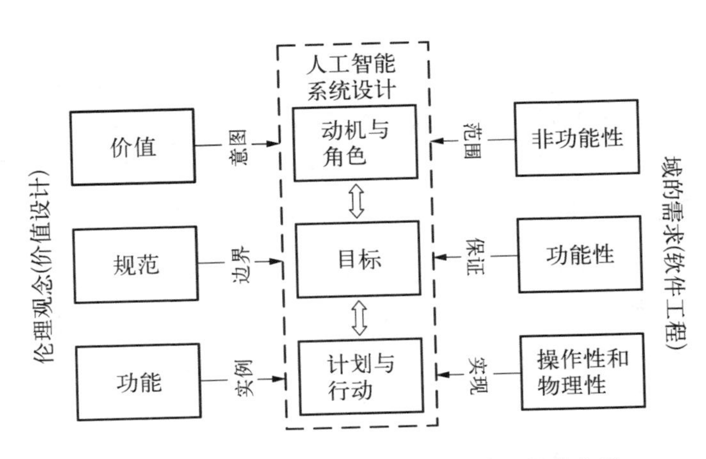

图4.5 负责任的人工智能设计：在人工智能应用程序设计中整合伦理问题和域的需求

根据高级动机和角色、特定目标以及具体计划和行动来构建AI系统,可以与价值设计和软件工程方法保持一致。因此,在最高层次上,价值和非功能性需求将通过根据明确的系统意图和范围设定系统的动机和角色来体现。规范将为系统的目标提供(伦理-社会)界限,同时确保满足功能要求。最后,在确保操作性的和物理性的域的需求的同时,遵循由价值设计过程确定的功能性的具体的平台/语言实例实施计划和行动。这些决策基于域特征以及参与开发过程的设计师和其他利益相关者的价值观。从价值设计的角度来看,可以明确体系结构决策与背后的价值的关联。同时,系统体系结构还必须反映域的需求,该需求描述了特定的前后关注点。明确显示这些关联可以改善整个开发过程中价值的可追溯性,从而提高应用程序的可维护性。也就是说,如果要以不同的方式解释价值,那么明确价值与有助于实现该价值的功能之间的联系,可以令我们更轻松地确定应该更新应用程序的哪些部分。

负责任地使用AI可以减少风险和负担,可以确保社会和伦理价值观在发展中的核心作用。但是,对于组织和开发人员而言,在其开发过程中如何更好地实现负责任的AI并不总是显而易见的。大多数软件开发方法都遵循开发生命周期,其中包括分析、设计、实施、评估和维护的步骤。但是,负责任的AI系统设计方法要求评估过程在整个开发过程中是连续的,而不仅仅是开发序列中的一个步骤。而且,AI系统的动态性和适应性也要求评估是连续的,因为该系统在不断发展。

因此,负责任的AI系统开发生命周期必须确保整个过程都围绕评估和论证,如图4.6所示。

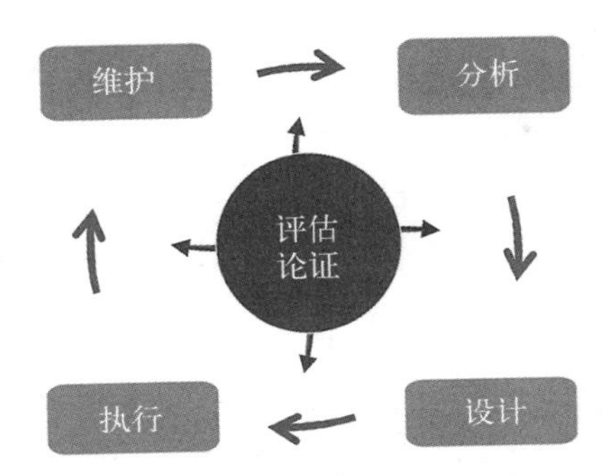

图 4.6　负责任的人工智能系统开发生命周期

4.5　结束语

在本章中，我们介绍了负责任 AI 的 ART 原则：问责制、责任制和透明性，并描述了支持遵循这些原则的 AI 系统设计方法。实现具有 ART 原则的系统是一个复杂的过程，至少需要以下步骤：

• 使系统目标与人类价值观相一致。这要求必须明确核心价值以及实现价值的过程，并且所有利益相关者都应参与该过程。此外，要明确用于启发过程的方法以及参与价值识别过程的人员的决策。

• 使用显性解释机制。价值是各种抽象性质的定义和必然性，因此可以由不同的参与者以不同的方式在不同的条件给出理解。

• 明确处理伦理考量的推理方法，同时描述系统做出的决策或行动以及描述哪些符合人类伦理原则，并指出在此应用情境下应优先考虑的价值。

- 明确治理机制，以确保相关利益者可以适当地分担责任，支持纠正、缓解和评估潜在危害的流程以及监视、干预系统运行的手段。

- 确保开放性。必须明确报告所有设计的决策和选项，并将系统功能与社会规范和价值观联系起来，通过提供代码和数据源检查功能的方式来推动，并确保数据来源公开公正。

最后，实现负责任的 AI 要求所有利益相关者的知情参与，这意味着教育起着重要作用，既要确保人们广泛了解 AI 的潜在影响，又要使人们意识到他们可以参与塑造 AI 的社会发展。我们将在第 6 章中进一步讨论这些问题。

4.6 延伸阅读

2018 年在施普林格（Springer）出版的《伦理与信息技术》期刊上发表的关于“伦理与人工智能”的特刊[41]包含几篇与本章讨论的主题相关的论文：

- Rahwan I., “Society-in-the-loop: programming the algorithmic social contract,” *Ethics and Information Technology*, 2018, Vol.20, No.1, pp. 5 – 14.

- Bryson J. J., “Patiency is not a virtue: the design of intelligent systems and systems of ethics,” *Ethics and Information Technology*, 2018, Vol.20, No.1, pp. 15 – 26.

- Vamplew P., Dazeley R., Foale C., et al., “Human-aligned artificial intelligence is a multiobjective problem," *Ethics and Information Technology*, 2018, Vol. 20, No. 1, pp. 27–40.

• Bonnemains V., Saurel C., and Tessier C., "Embedded ethics: some technical and ethical challenges," *Ethics and Information Technology*, 2018, Vol.20, No.1, pp. 41–58.

• Arnold T., Scheutz M., "The 'big red button' is too late: an alternative model for the ethical evaluation of AI systems," *Ethics and Information Technology*, 2018, Vol.20, No.1, pp. 59–69.

关于偏见和自主决策影响的话题请参阅：O'Neill C., *Weapons of Math Destruction: How Big Data Increases Inequality and Threatens Democracy* (New York: Crown, 2016).

有关价值设计方法的更多信息，请参阅：

• Friedman B., Kahn P. H. and Borning A., "Value sensitive design and information systems," *Advances in Management Information Systems*, 2006, Vol.6, pp. 348–372.

• van den Hoven J., "ICT and value sensitive design," Jacques Berleur S. J., Goujon P., Lavelle S., et al., *The Information Society: Innovation, Legitimacy, Ethics and Democracy*, Vol. 233 of *IFIP International Federation for Information Processing* (Berlin: Springer, 2007), pp. 67–72.

• van de Poel I., "Translating values into design requirements," Michelfelder D., McCarthy N., and Goldberg

D., *Philosophy and Engineering: Reflections on Practice, Principles and Process* (Dordrecht: Springer Netherlands, 2013), pp. 253 - 266.

- Aldewereld H., Dignum V., and Tan Y. H., "Design for values in software development," van den Hoven J., Vermaas P. E. and van de Poel I., *Handbook of Ethics, Values, and Technological Design: Sources, Theory, Values and Application Domains* (Dordrecht: Springer Netherlands, 2014), pp. 831 - 845.

人工智能系统可以合乎伦理吗？

"问题不在于我们是否能够制造出符合伦理标准的机器，而是机器背后人们的伦理准则。"

彼得·辛格(Peter W. Singer)

我们将在本章讨论构建可进行伦理推理的人工智能系统的可行性和必要性。

5.1 引言

在上一章中,我们从设计过程的角度研究了 AI 系统的负责任的设计。现在将讨论的问题是,我们是否可以开发能够推理其社会和规范背景以及其决策的伦理后果的 AI 系统。因此问题是,我们可以建立人工伦理能动者[①]吗?更重要的是,即使可以,我们是否应该这样做?

设计具有理性和伦理行为的机器需要理解什么是伦理行为。但是,即使经过几千年的道德探究,在如何确定什么是伦理上的对与错方面仍未达成共识。例如我们在第 3 章中讨论过的伦理理论为构成伦理行为的因素提供了不同的论据,并且就应采取何种行动提出了不同的要求。设计人工伦理能动者要求对此问题有一些工程上的解决方案。

在构建人工能动者时,通常要确保能动者是有效的。也就是说,其行为有助于实现其目标,从而促进其目标的发展。但是,有助于实现功能性目标的行动并非始终是最符合伦理的事情。例如,如果我的目标是变得有钱,那么实现这一目标的措施可能是抢银行。也就是说,有效的能动者不一定是“善”的能动者。为了

---

① 也就是符合伦理的智能体。——译者注

建立符合伦理的 AI 系统，应满足以下两个要求。首先，系统的行为必须符合情境中的规定和规范；其次，能动者的目标或宗旨也应与核心的伦理原则和社会价值观保持一致。

AI 系统符合伦理的决策是指以与社会、伦理和法律要求相一致的方式评估和选择方案的计算过程。在做出符合伦理的决策时，有必要察觉和消除不符合伦理的选项，并选择仍能实现目标的最佳伦理选项。这比确定是否遵守法律更重要。正是善于做、按规则做和收益最大化地做之间的区别促进着伦理价值观的发展。

在本章中，我们首先分析什么是符合伦理的决策，然后介绍实施伦理计算模型的方法和体系结构的相关内容。然后，我们讨论这种努力所面临的伦理挑战，以及如何确保人类对于伦理能动者的责任制和问责制。在本章结束时，我们将讨论 AI 系统本身的伦理地位问题。

5.2 什么是符合伦理的行为？

为了确定我们是否可以实现伦理能动者，我们首先需要了解是否有可能提供伦理行为的正式的计算定义。

丹尼特(Dennett)[36]确定了符合伦理的行为的三个要求：

(1) 必须有可能在不同的动作之间进行选择。

(2) 必须达成某种社会共识，即至少一种可能的选择对社会有益。

(3) 能动者必须能够识别出对社会有益的行为，并做出明确

的决策来选择该行为，因为这样做符合伦理[26]。

从理论上讲，构建满足上述要求的能动者是可能的，极其朴素的方法如下。首先，我们假设一个伦理能动者能够随时识别当前情况下所有可能采取的行动的集合。如果有这样的集合，则设计能够从集合中选取动作的算法并不困难。因此，我们的能动者可以在不同的动作之间进行选择，这样就满足了第一个要求。

给定一组动作，我们可以向系统提供有关这些动作的信息，例如用特性列表标记每个动作。在这种情况下，能动者可以使用这些标签来决定选择哪个动作。现在，假设我们能够在当前情况下以其“伦理程度”来标记每个可能的动作（例如，介于 0 到 1 之间的数字，其中 1 是最符合伦理的，而 0 则是最不符合伦理的）。这样就满足了第二个要求。然后，能动者可以使用此信息来确定哪个是最符合伦理的行为，即满足第三个要求。

表 5.1 中的算法 1 给出了这种算法的伪代码。假设动作 a 由其名称、前提条件（描述何时可以采取该动作）和伦理程度定义：a＝动作（名称、前提条件、伦理程度）。c 表示能动者程序的当前情境，A 是能动者程序可以执行的所有动作的集合。谓词 $holds()$ 表示在情境中满足一组条件。最后，假设有一个函数 $sorte()$，该函数计算出按伦理程度的降序对 A 进行排序而得出的列表。

即使上述算法描述合理，但仍存在许多问题使其不切实际，比如我们无法做到随时确定所有可用的动作并根据其伦理信息来“标记”每个动作。

表 5.1 伦理推理算法

算法 1

```
1: E=sorte (A);
2: choice=0;
3: i=0;
4: while (i < length (E)) do
5:     if (holds (precond (E[i], c) and choice==0) then
6:         most_ethical=E[i];
7:         choice=1;
8:     else
9:         i++;
10: do (most_ethical);
```

但是,丹尼特定义的主要复杂性在于第二个要求:社会对某些行为的伦理依据达成共识。也就是说,我们如何以每个人都同意的方式为每个情境 c 中的每个动作 a 定义伦理(a,c)的属性?在第 3 章中,我们发现对于遵循哪种伦理理论没有达成社会共识,即使在相对较小且同质的群体中也是如此。即使我们可以就一种伦理理论达成共识,算法结果仍然取决于能动者考虑的价值。例如,即使我们是按照一种功利主义的伦理理论来建立能动者的,但在考虑最大化公平性或安全性时,该能动者的决定也会有所不同。

而且,与法律相反,伦理是不能强加的:伦理个体应该能够评估其决策并不断学习,从而建立自己的伦理指南。对于机器而言,强加伦理将意味着需要就适用哪些价值观和伦理理论达成共识,并理解这些伦理规则将随着时间和情境的变化如何演变。从字面上看,即使我们可以建立一个遵守法律的能动者,也意味着该能动者能够从情境中学习伦理规范。这就引出了一个问题,即能动者应该在哪里以及从谁那里学习伦理规范?观察人们在其环境中的行为可能会导致学习偏见、刻板印象和具有文化动机的行为。对此要求的另一种解释是,应将 AI 系统构建为具有明确的、可详细描述的和公开可用的伦理推理能力的实施方式。

而且,正如我们在第 3.5 节中已经看到的那样,不同伦理理论的计算要求也大不相同。道义论伦理学基于对行动的评估,可以通过标记系统来完成,例如算法 1 中描述的朴素推理。在文献[31]中,展示了规划架构如何使用这种标记方法。也就是说,根据分类命令,理论上可以根据情境中的定律为每对(a,c)先验地确定伦理(a,c)。

另一方面,结果主义伦理学基于对行动结果的评估,这意味着能动者应该能够推断出所有可能行动的潜在结果,例如在决定行动方案之前内部模拟其行动的结果。也就是说,为了确定伦理(a,c),能动者需要针对所有可能的动作 a 在情境 c 中模拟“做” a 的结果,并计算结果的伦理价值。

结果主义和道义论伦理学是理性的系统,也就是说,伦理推理是通过对情境和可能采取的行动的理性论证来进行的。然而,美德伦理学侧重于人的性格和个人动机,因此是关系性的而不是理性的。因此,美德伦理学的实施相对不明确,决策基于动机和性格特征。行为与动机之间的联系通常并不明确,但决策应“效法伦理道德榜样”。美德伦理学的这种关系特征还意味着,情境在该理论的实施中起着更为重要的作用。在理性理论中,决策可以至少部分地被预先确定。根据美德伦理学,一种确定伦理$(a,$

c)的可能方法是让能动者确定哪个是由其网络中最“符合伦理的”能动者选择的行为,并以某种方式汇集所有这些能动者的预期选择,以便计算 c 中最符合伦理的 a。

尽管我们在这里提供了道德推理过程的伪算法描述,但现实却要复杂得多。不仅无法知道所有情况下所有可能的动作,而且“计算” 伦理(a,c)并不像上述那样简单,同时需要具备进行伦理道德判断的能力,道德判断本身就需要我们了解自己的权利、角色、社会规范、历史、动机和目标,所有这些都远远未在人工智能系统中实现[30]。

最后,应该指出的是,作为道德能动者的人类永远不会只使用一种理论,而会根据情况在不同的理论之间进行切换。这不仅是因为人类不是经济理论希望我们相信的纯粹理性能动者,而且还因为严格遵守任何伦理理论都会导致不良结果。例如,严格运用功利主义理论将会使一个(或一些)人在服务于他者时陷入悲惨境地,因为理论看重的是全球净幸福。不过,我们当中很少有人会选择采取这样的行动,使一个人被明显地、有意识地牺牲,以使更多人获益。实际上,功利主义忽略了(善的)收益的不公正分配。而道义论模型则假定“法律”始终是符合伦理的,因此对道德规则没有例外。这意味着应该为 AI 系统提供不同伦理理论的表示形式,以及让它们具备在这些伦理理论之间进行选择的能力。

5.3 人工智能进行伦理推理的方法

上一节中的示例和注意事项仅显示了 AI 系统进行伦理推理

的许多复杂情况中的一部分。在本节中,我们将讨论当前的方法并反思其后果。

实施伦理推理的现有方法主要可以分为三种类型[12,132]:

- 自上而下的方法,可以从一般规则中推断出各个决策。目的是在计算框架内实施给定的伦理理论,例如第 3 章中讨论的那些理论,并将其应用于特定案例。

- 自下而上的方法,可根据各种情况推断出一般规则。目的是为能动者提供对其他能动者在类似情况下的行为的充分观察,以及将这些观察汇集为在伦理上可接受的决策的手段。

- 混合方法,将自下而上和自上而下的方法相结合,以支持谨慎的道德反思,这对于伦理决策的制定是必不可少的[102]。

采用自上而下方法的前提是可以实现某种伦理(a,c)函数。如上一节所述,这说起来容易做起来难。要计算此函数,首先我们需要确定要最大化的伦理价值。例如,是公平、人的尊严还是信任?不难发现,最大化公平可能会带来与最大化人类尊严、最大化安全或保护隐私不同的结果,而且结果还取决于这些价值观的实现方式,以第 4.4 节为例。正如我们在第 3 章中所看到的那样,采取功利主义立场与选择道义论或美德立场所导致的选择大相径庭。谁又能确定选择什么以及如何实施伦理(a,c)?负责任的 AI 就是要回答这个问题,并推断出这些决策的后果。这需要比决定实施所需的更高级别的反思和抽象能力。在第 5.3.1 节中,我们将介绍一些解决此问题的最新方法。

另一方面,采用自下而上的方法意味着我们在某种程度上将社会接受度与伦理接受度等同起来。也就是说,我们假定其他能动者正在做的事是符合伦理的。这意味着伦理(a, c)将根据对其他能动者行为的观察以及对这些行为的感知结果的评估来动态构建。尽管实际上这是儿童通常学习伦理行为的过程,但(结果)取决于系统可以从中学习的示例,这可能会导致很大的差异。正如最近对使用道德机器的大型在线实验的分析所显示的那样,文化和背景因素导致了非常不同的选择[10]。同样,在这里,需要更高层次的反思:系统将从谁那里学习,由谁来决定?而且,要收集关于能动者行为的哪些数据,以及如何汇集这些数据?在第5.3.2节中,我们将进一步讨论该问题。

最后,混合方法结合了两种方法的特征,来试图估算人类的伦理推理。这些方法通常提供一些有关法律行为的先验信息,并使能动者能够通过在规则允许的范围内观察其他能动者的行为来决定采取的行动。在第5.3.3节中,我们将进一步讨论这种方法。

5.3.1 自上而下的方法

自上而下的伦理推理建模方法假设一个给定的伦理理论(也可能是理论集合),并根据该理论描述能动者在特定情况下应采取的行动。这些模型正式定义了指导能动者进行决策的规则、义务和权利。自上而下的方法通常是规范的推理工作的扩展,并且在许多情况下是基于"信念-愿望-意图"架构的。假设我们遵循先前的法律和社会规范可以保证"善的"决策,那么规范体系(例如我们在先前工作中开发的体系[39])就是采用了一种道义论方法。道义论方法已经被广泛地形式化运用,例如

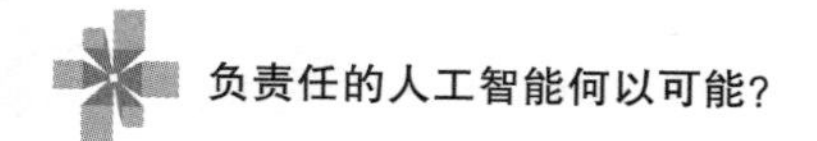

道义逻辑。

不同的自上而下的方法在所选择的伦理理论上有所不同。因此,最大化模型通过将给定值的满意程度作为决策的基础("最多的就是最好的")而大致遵循功利主义的观点,而遵循道义论的模型将评估"善"的行动本身。在最近的一篇论文中[111],作者建议指定与行为规范相关的道德价值,作为规范表征和相关成本标准以外的其他决策标准。另一种方法是赋予能动者一个价值和伦理的内部表征,以判断其自身行为和多能动者系统中其他能动者行为的伦理方面[29]。

自上而下的方法假设 AI 系统能够明确说明其行为的伦理影响。此类系统应满足以下要求:

- 表征语言足够丰富,可以将域知识和能动者行为与所确定的价值以及规范联系起来;
- 具有适用于理论规定的实践推理的计划机制;
- 具有决定情况是否确实符合伦理的审议能力。

有几种计算体系可以满足这些要求,但是需要进行研究以确定它们是否在实际上是通向伦理行为的负责任的方法。在本节中,我们仅旨在提供可能性的草图,而不是全面介绍体系结构和实现特性。

对自上而下的方法的反思

伦理理论对道德推理的动机、问题和目的进行了抽象描述。第 3.5 节介绍了几种设计方案,涉及谁负责决策以及决策如何取决于不同道德观和社会价值观的相对优先级。然而,尽管对自上而下的伦理推理模型进行了真诚的尝试,但对于其实际应用而言,还需要更多,包括了解在不同情况下应以何种道德观和社会价值观作为讨论的基础,以及能动者如何考虑。例如,结果主义方法的目标是"最多的就是最好的",但是人们需要了解社会价值观,才能确定什么才是"最好的"。实际上,根据不同情况这可以是财富、健康、可持续性,甚至是以上几种价值的结合。

自上而下的方法将伦理体系强加给能动者。这些方法暗含了伦理与法律之间的相似之处,即一套规则足以作为伦理行为的指南。但是,它们并不完全相同。通常,法律会告诉我们被禁止做的事情以及被要求做的事情。法律告诉我们游戏规则是什么,但不告诉我们如何最好地赢得游戏,而伦理则告诉我们如何为所有人进行"善良的"游戏。

此外,某些事情可能是合法的,但我们可能认为它们是不可接受的。我们可能认为某些事情是正确的,但可能不合法。因此,如果将一套规则所定义的法律允许的东西与伦理上可接受的东西等同起来,我们在应对特定情况下的伦理行为时会忽略许多其他可能的态度(见图5.1)。

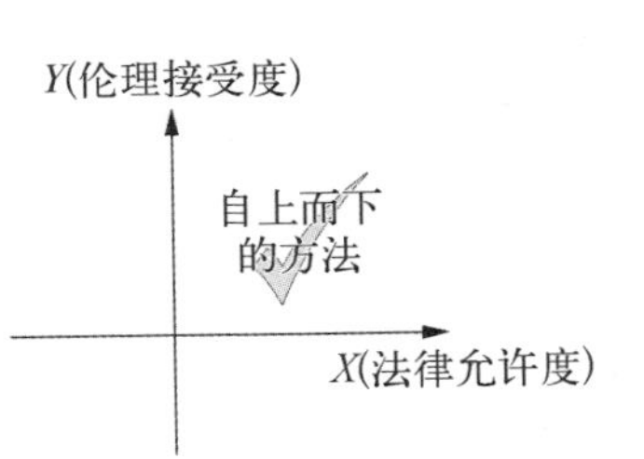

图5.1 自上而下的方法假设法律与伦理规范保持一致

尽管如此,鉴于AI系统是为特定目的而构建的人工制品,因此正确的做法可能是要求这些人工制品同时位于法律和伦理框架之内并且不要自行学习其他选项。也就是说,AI系统应该被视为包含软伦理,即,将伦理视为对现有法规体系的后合规,并用来决定在现行法规之上应该做什么和不应该做什么[55]。

5.3.2 自下而上的方法

自下而上的方法假设伦理行为是从观察他人的行为中学到的。根据马勒的说法,伦理上胜任的机器人应配备能够"不断学习和改进"的机制[85]。他指出,机器人必须像幼儿一样学习规范和道德,才能在伦理上胜任。在一项研究[86]中,马勒通过要求参与者使用道德基金会的调查问卷[66]来衡量一套提议的道德接受度,该问卷衡量了伤害、公平和权威的伦理原则。这样,道德接受度是由对于提议的伦理的社会共识决定的,而不是由外部专家评估确定的。

文献[96]描述了自下而上的方法的一个实例。在该实例中,假定能动者将学习社会偏好模型,并且在运行中遇到特定的伦理困境时,可以有效地汇集这些偏好以识别理想的选项。该算法基于投票规则理论。在下文中,我们反思了这种方法的潜在陷阱,该方法假设人群的选择可以被看到以反映伦理体系。

自下而上的伦理推理方法是利用人群的智慧作为能动者伦理判断基础的一种手段。这种观点与当前的AI方法是一致的,该方法基于观察数据模式来开发模型。这种方法假设可以从一组合适的对象中收集到足够多的有关伦理决策及其结果的数据。

对自下而上的方法的反思

自下而上的方法的基本前提是假设社会认可的(如数据所证明的)也是伦理上可接受的。但是众所周知,有时根据独立的(道德上的和认识上的)标准和现有的证据无法接受事实上被接受的立场。相反,还有其他一些立场虽然实际上是不被接受的,但从道德角度来看却是完全可以接受的。社会接受度和道德接受度之间的区别在于,社会接受度是一个经验事实,而道德接受度是一个伦理判断[123]。

在自下而上的方法中,决策范围可以看作是沿着伦理接受度和社会接受度两个轴的二维空间来发展的(见图5.2)。关于"善"(可接受的和已接受的)或"恶"(不可接受的和未接受的)的行为或决定的共识通常很容易实现,但始终取决于文化和情境。但是,如果没有额外的激励措施,人群的智慧可能会导致人们接受了本应无法接受的决定,即那些"普遍的罪恶",例如避税或超速驾驶;而人群通常不会接受一些伦理上可接受的立场,例如当觉察到额外的支出或成本时(例如接受素食主义、有机食品的消费,以及接受和支持难民和移民)。

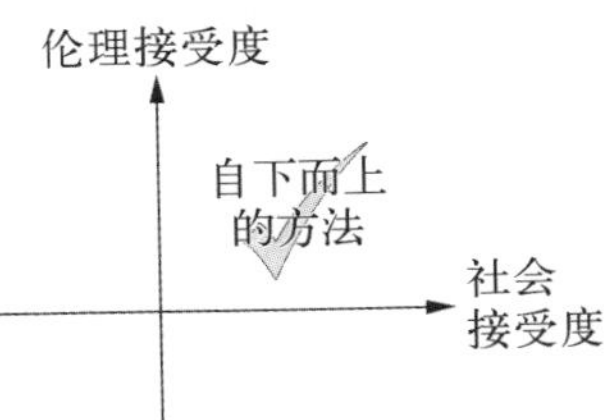

图5.2 自下而上的方法假设社会实践与伦理规范保持一致

而且,每个单一的观点通常都由不同接受度的论据来支撑,甚至矛盾的观点也可以由同样接受度的伦理原则来支撑。例如,在关于是否在学校餐厅提供油炸食品和糖果的讨论中,赞成派和反对派都可以基于同样"善"的道德论点(健康的生活和自由的选择)来提出自己的观点。

5.3.3 混合方法

混合方法试图结合自上而下和自下而上方法的优点,以确保AI系统的伦理推理不仅在法律上被允许,而且在社会上被接受。

吉仁泽(Gigerenzer)①[63]将道德行为的本质描述为思想与环境之间的相互作用。这种观点是基于务实的社会启发法，而不是基于道德准则或最优化原则。在这种观点下，先天本性和后天培养在塑造道德行为方面都非常重要。将该概念扩展到由AI系统做出的伦理推理上，需要一种结合了编程规则(先天本性)和情境观察(后天培养)的混合方法来实现伦理能动者。先天本性与后天培养两者需要结合考虑，而不是一个“要么……要么……”的决定。这意味着通过编程的自上而下的方法和基于情境的自下而上的方法都不足以实现符合伦理的决策，而要将这两种方法结合起来。

混合方法的应用示例之一是科尼泽(Conitzer)及其同事提出的方法[30]，该方法考虑了两种(可能互补的)范式的集成，以设计一般的道德决策方法：考虑扩展博弈论的解决方案概念以涵盖伦理方面，同时在人类标记的实例上使用机器学习来组装有效的带有道德决策案例标记的训练集。另一个例子是文献[8]中描述的OracleAI系统。

关于混合方法的反思

根据定义，混合方法有可能利用自上而下和自下而上方法的积极方面，同时避免它们的问题。这样，便可以给出合适的推进方式。

最近，我们提出了一种伦理推理的混合方法：MOOD[128]。MOOD基于“集体智慧”，即将许多人的知识和思想汇集在一起，

① 德国心理学家。——译者注

但必须要遵循引发和聚合这些思想的严格规则。它还提供了使所有设计决策明确且可查询的方法。MOOD旨在支持自由的和建设性的讨论以及多种观点的融合,从而使多个利益集团受益,而不仅仅是现任者或占51%的多数。特别是,它在审议过程中嵌入了社会接受度和道德接受度的概念。

伦理上的可接受度关系到决策的公平性,也关系到成本和收益的分布、未来对人和环境的潜在危害、风险和控制机制以及潜在的压迫和权威水平。伦理可接受度评分的水平并不意味着是否应该选择替代方案,而仅仅是提供对替代方案的伦理公正性的见解。MOOD结合了多数人和少数人的观点,为此类辩论提供了便利,并力求做到"伦理上公正",即获得了被广泛接受的、稳定的和可持续的结果。

5.4 设计人工道德能动者

鉴于前面各节中描述的许多复杂性,应该清楚尝试建立能够在其推理中将伦理考虑进去的系统是一项棘手且复杂的工作。并且清楚应该始终从以下问题开始:"我们应该开发这样的系统吗?"具有道德推理能力的此类系统通常被称为人工道德能动者。① 这个概念目前作为思想实验或实际可能性都较为流行[126],并已经反映在许多作者的文章中[6,57,132]。即使完全符合伦理的推理系统在现实中不可能存在,但无论能动者是否打算就

① 或道德智能体。——译者注

其决策的伦理方面进行推理,在很多情况下,其用户都认为人工系统会做出符合伦理的决策,或者做出影响个人伦理的决策。因此,重要的是要考虑如何设计 AI 系统,使其行为和决策符合社会和伦理原则。在本节中,我们提供一些准则来支持这些系统的设计,以确保实现负责任的设计。这些准则应视为对 4.4 节中概述的价值设计方法的扩展。

首先,必须确定人工能动者应遵守的伦理原则和人类价值观。参与是一个重要问题,应确保所有利益相关者都参与此过程。正如我们在第 5.3.2 节中讨论的那样,咨询不同的人得到不同的意见可能会导致截然不同的结果。因此,必须明确地报告此过程,列出所有考虑的选项以及做出选择的理由。同时,有必要确定和描述采取行动的监管环境。

接下来,我们需要确定系统如何推理。它会遵循特定的伦理理论吗?如果是,为什么,如何实施?系统将如何处理价值之间的潜在冲突?也就是说,鉴于通常不可能获得满足所有约束条件或坚持所有原则的解决方案,因此必须能够使能动者在两个不同价值(例如安全和隐私)之间做出合理的选择。能动者优先考虑价值的方式以及做出此类决策的可用手段必须明确、公开以进行评估。

最后,假设 AI 系统在存在法规和规范的社会技术环境中运行,而其他人也在做出决策,那么将如何实施推理呢?在这一步中,还必须描述系统的自主程度。也就是说,人工智能系统可以做出哪种类型的决策,何时应该引用其他决策?此处列出这些步骤,并将在本节的余下部分中进一步详细介绍。

- 价值一致。
  - 系统将追求哪些价值?
  - 谁确定了这些价值观?
  - 如何优先考虑价值?
  - 系统如何与现行法规和规范保持一致?
- 伦理背景。
  - 使用哪种或哪些伦理理论?
  - 由谁决定?
- 实施。
  - 系统的自主程度如何?
  - 用户的作用是什么?
  - 治理机构的作用是什么?

谁来设定价值?

负责任的 AI 强调参与的重要性,这是确保 AI 系统能够实现其社会和伦理责任的一种手段。参与需要我们能够确定群体的共同观点。因此,重要的是分析如何收集意见,收集什么意见,以及如何将其汇集。回顾最近的全民公决和国家选举,可以清楚地看到结果在很大程度上受到提出的问题和计票方式的影响。这同样适用于由 AI 系统进行伦理推理的数据。结果不仅取决于所咨询的人群,还取决于如何收集和汇总他们的决策。此外,每个人和每种社会文化环境都将不同的道德和社会价值观置于优先地位。因此,AI 系统的设计需要考虑所涉人员的个人价值观和社会的文化。施瓦茨证明,正如我们在第 3.3 节中所讨论的那样,高级抽象的道德价值观在各种文化中是相当一致的[107]。

特别地,需要考虑以下方面并且将其明确化,以便可以评估基于这种数据做出的决策。

- 人群:这里的问题是“人群是谁?”所有利益相关者都参与了决策吗?是否从足够多样化的样本中收集了数据,从而充分反映了将受 AI 系统决策影响的人们的差异和范围?此外,收集的有关人类决策的数据必然反映(无意识的)偏见。必须特别注意这些问题,以确保 AI 系统所做的决策不会反映并永久保留这些偏见。

- 选择:根据用户是进行二元选择还是拥有一系列可能性,协商的结果(通过全民公决、选举等)可能会大不相同。尽管乍看之下二元选择似乎更简单,但投票理论提醒我们,仅允许两个选项可能会误导人们做出非真实的选择。2016 年英国脱欧公投就是这种情况。① 这也适用于经典电车困境的二元决策,例如麻省理工学院道德机器实验也表明了这种情况。②

- 信息:提出的问题必须为给定的答案提供框架。当情况复杂时,尤其是在引起激烈情绪的情况下,问题的内容可能暗示了政治动机。例如,在 2016 年荷兰公民投票中提出的问题:“您是赞成还是反对欧盟与乌克兰之间签订的《欧盟联合协议批准法》?”对于普通选民而言,事实太复杂了,导致竞选期间的政治解释基本上将其简化为“您是支持还是反对欧盟?”实际上,这是许多选民最终回答的内容。事实上,投票理论通常认为,当涉及复

① 参阅 http://blogs.lse.ac.uk/brexit/2017/05/17/。
② 参阅 http://moralmachine.mit.edu/。

杂选择时,代议制民主(议会)比依靠公民投票要好,因为代表可以就所涉及的复杂选择进行谈判[46]。这可以看作是支持自上而下伦理推理方法的观点,此方法应在理论和专家评估的指导下进行。

● 参与度:通常并非所有用户都同样地受到决策的影响。但是,无论参与度如何,所有票数均等。这一点,再加上信息缺乏,也可能导致令人惊讶的结果。最近的一个案例是2016年哥伦比亚举行的和平全民公决,其中城市居民超过了农村人民,导致拒绝了和平协议。而农村人民受到哥伦比亚革命武装力量游击队的打击最大,对于他们而言结束暴力、拥护和平才是合乎逻辑的选择。类似地,对经典电车困境的解答将随着能动者所处位置的变化(在电车内部、被绑在轨道上或在操纵拉杆)而变化。

● 合法性:民主制度要求多数决定。但是,当边缘部分很小时,对于结果的接受度会引起疑问。而且,投票是强制性的还是自愿性的,也反映在结果中。实际上,大多数人是根据社会身份和党派忠诚度做出(政治上的)决策的,投票不是对现实的诚实检验,人们实际的投票决定还受到许多外部因素(包括天气条件)的影响。

● 选举制度:这是一组规则,用于确定如何咨询团体、如何进行选举和公投以及如何计算其结果。该规则的设置方式很大程度上决定了结果。特别是,与比例制(在决定中按比例反映选民各自的意愿)相比,多数制(胜出者全胜)可以达到截然不同的结果。

不同的价值优先级将导致不同的决策,在许多情况下,不可

能实现所有期望的价值。例如,考虑到自动驾驶汽车的设计,如果构建该系统时要优先考虑提高保护性的价值,那么它更有可能选择保护乘客,而优先考虑与自我超越相一致的价值将导致选择保护行人。

价值观是个性化的,但社会环境和文化使得这些价值观的优先次序有所不同,具有相同文化背景的个体表现出相似的价值取向,霍夫斯泰德(Hofstede)的工作[73]尤其表明了这一点。最近在道德机器实验的分析中也发现了这些文化偏好[10]。这对于开发在不同文化中使用的系统尤其重要。

此外,价值是高度抽象的模糊概念,可以根据用户和情境进行不同的解释。因此,重要的是,不仅要识别价值,而且要识别作为具体系统功能定义基础的规范解释。例如,假设有一个分配奖学金的系统,该系统旨在维护"公平"价值。我们大多数人都倾向于同意,公平确实是这种系统的重要价值。但是,对公平可能有不同解释,例如,是确保平等的资源还是平等的机会。根据第一种解释开发的系统将给所有学生平均分配可获得的奖学金,而为满足后一种解释开发的系统将为最需要它们的学生提供最高额的奖学金。这个例子表明,除了确定 AI 系统的价值之外,开发还应遵循价值设计方法,如第 4.4 节中所述。

这些考虑表明,自下而上的伦理审议方法应以正式结构为基础,这些结构应确保集体协商和推理的合理过程,并与混合方法保持一致。这样就可以确保决策基于长期目标和基本共享价值,而不是基于当下的权宜之计和有限的个人利益。根据议事民主平台的实际实施经验,菲什金(Fishkin)给出了合法审议所必需的五个特征[51]：

- 信息：所有参与者都可以获得准确的和相关的数据。
- 实质性平衡：可以根据不同的支持证据对不同的立场所持观点进行比较。
- 多样性：所有参与者都能掌握与当前事件有关的所有主要立场所持观点，并在决策过程中予以考虑。
- 尽职尽责：参与者均真诚地权衡所有论点。
- 平等考虑：观点是根据证据权衡的，而不是基于谁在主张特定观点。

鉴于设计对结果的重要性，并与第4章介绍的ART原则保持一致，我们在此列表中添加了一个额外的原则：

- 开放性：对于设计和实施集体智慧方法所考虑的选项以及所采取的选择的描述是清晰易懂的。

5.5 进行伦理协商

当前，AI伦理学的最新工作是开发使AI系统能够对其决策进行伦理考量的算法。实际上，执行决策的可能性范围要广得多。在许多情况下，完全负责确定最佳伦理行为的AI系统不仅实施起来过于复杂，而且也没有必要。人们早已学会了寻求他人的帮助，并建立自己的环境以促进某种行为。例如，这就是法律和社会规范的作用。因此，期望AI系统达到相同的可能性仅仅是在逻辑上可行的。

在下文中，我们确定了四种可能的方法来设计自主系统的决策机制，并指出如何将它们用于AI系统的道德推理。

• 算法：旨在将道德推理完全纳入系统的审议机制中。根据文献[132]，人工智能系统可以自主评估其决策的道德和社会后果，并在其决策过程中使用这种评估。这里的“道德”是指关于是非的原则。（文献中提到的）“解释”是指对系统的信念与其决策之间的关系提供定性理解的算法机制。正如我们在本章中讨论的那样，这种方法需要复杂的决策算法，还要求系统能够进行实时推理。

• 指挥官：在这种情况下，允许一个人或一群人参与决策过程。可以确定不同的协作类型，从自动驾驶系统（由系统控制并由人监督）到“守护天使”（由系统对人的行为进行监督）。从设计的角度来看，此方法要求通过一定手段确保对情况有共同认识，以使决策者在必须干预时有足够的信息。这种交互式控制系统也称为人机回圈控制系统[84]。

• 监管：这是将伦理决策纳入或限制在环境的系统基础架构中的方法。在这种情况下，环境可确保系统永远不会陷入道德困境。即以这样的方式调节环境使之不发生偏差，因此不需要由自主系统做出道德决策。例如在智能高速公路中，将道路车辆连接到其物理环境，环境中道路基础设施控制着车辆[93]。在这种情况下，伦理被建模为基础设施中的法规和约束，在此基础上，AI系统可以通过有限的道德推理来运行。

• 随机：最后，我们还应考虑AI系统在面对（道德）决策时随机选择其行动方式的情况。这里的主张是，如果在两个错误之间做出选择在伦理上是有问题的，可能的解决方案是根本不做刻意的选择。① 随机机制可以看作是人类行为的近似,并且可以应用于任何类型的系统。有趣的是,有一些经验证据表明,在时间压力下,人们倾向于选择正义和公平,而非审慎推理[14]。此行为可以实现为随机性的弱形式。需要进行研究以了解随机方法的接受度。

正如我们在第 5.4 节中所看到的,咨询对象以及个人价值的汇集方式也会影响实施方法的选择。此外,不同的社会对价值的解释也不同。使用第 3.3 节中介绍的价值体系,可以预期在优先考虑"一致性"的社会中,人们将更有可能选择监管方法作为执行机制,在这种机制中,法律规范和制度对决策负责。"平均主义"社会可能会接受随机的决策机制,这种机制不会做出判断,也不会在乘客和行人之间表现出偏爱。

为了明确设计者和利益相关者的价值观念,需要采用价值设计方法,如第 3 章所述。

5.6 伦理行为水平

随着 AI 系统越来越擅于自主交互并对其(社交)环境有所了解,人们正在改变关于它们的想法。任何形式的自动辅助都不是简单地增强我们执行任务的能力,它改变了任务本身的性质以及人们与机器互动的方式。即使 AI 系统是人工制品,人们也越来

① 参阅《连线》杂志:https://www.wired.com/2014/05/the-robot-car-of-tomorrow-might-just-be-programmed-to-hit-you/.

越多地开始将机器视为团队成员或同伴,而不是简单的工具。

根据文献[132],对于这些类别中的每一种都应该预期不同程度的伦理行为(见图5.3)。最简单的工具是诸如锤子或搜索引擎之类的工具,它们没有或者只有非常有限的自主性和社会意识,因此不被视为伦理体系。但是,价值通常是隐式地纳入其设计中的,这导致了不同的行为。下一类系统,即助手系统,虽然具有有限的自主性,但却知道它们交互的社会环境。预期这些系统具有功能伦理,这意味着对环境的伦理相关特征的响应是硬连接在系统结构中的。这些系统有能力评估规范并相应地调整其行动,也可能决定不遵守规范[39]。最后一类是人工伴侣,它们是能够自我反思的完全道德能动者,可以在需要时进行推理、争论和调整其道德行为。目前,此类能动者仅存在于科幻小说领域[例如《星际迷航》中的戴达(Data)或《机械姬》中的艾娃(Ava)],许多学者认为这就是它们的归属地。

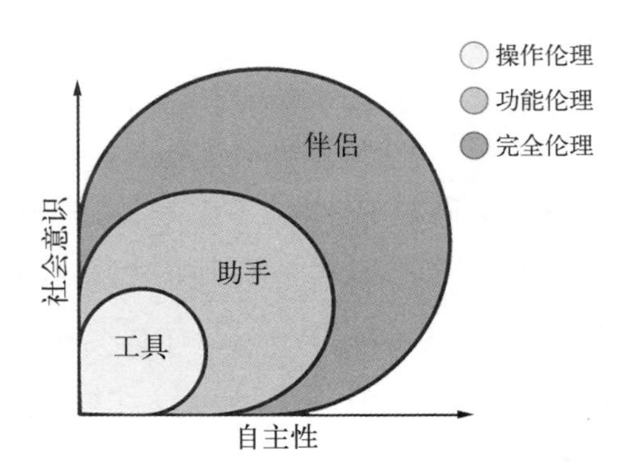

图5.3 不同类别的人工智能系统的伦理设计立场(改编自文献[132])

无论其行为水平如何,社会意识和自主性都会使我们对系统行为抱有期望,包括对责任制和问责制的期望。能够向他人解释自己的选择和理由,并通过他人的解释而受到他人影响的能力是负责任的基本组成部分。实际上,人工能动者的伦理行为不仅应包括确定其行为的功能,还应包括向他人解释这些行为的功能。

但是,对于以提高功能性能为目标而开发的深度学习算法而言,可解释性尤其困难。这样就产生了将输出微调为特定输入的算法,在这种算法中不用了解被估算函数的结构。开发可解释性的可能方法包括应用进化伦理学[13]、结构性论证模型[94]或目标计划模型[135]。吉仁泽提出了另一种方法[63],该方法基于实用的社会启发法,而不是道德规则或最大化原则。这种方法从学习的角度出发,将初始的伦理审议规则与对环境的适应结合在一起。

负责任的AI要求我们重新考虑这些算法的优化标准。只要算法设计的主要目标是提高性能,算法就一定会依然是"黑箱"。如果注重遵守伦理原则并将人的价值观置于系统设计的核心,就要求研究人员和开发人员转向提高透明性的目标,这将促进能够满足ART原则的新一代算法产生。当目的是设计和实现真正有能力向人们提供解释的能动者时,我们首先需要了解和解释在人机交互中的功能[92]。

5.7 人工智能系统的伦理地位

讨论AI系统的伦理推理能力通常会导致人们讨论这些系统的伦理地位,尤其是嵌入式AI系统或机器人的伦理地位。

关于机器人权利的许多思想源于自主性概念,它是AI系统的一种识别属性。哲学上所理解的“自主性”一词是指人类自行决定制定、思考和选择遵循的规范、规则和法律的能力和权利。也就是说,它是指在生活中自由选择自己的目标和目的的能力和权利。支持和促进自主性的认知过程是与人的尊严和人类能动者最为紧密相关的。自主性,从这个词的伦理相关意义上讲,只能归属于具有自我意识和自觉性、知道其行为是自我主导的并可以在其价值观和偏好的背景下思考和解释其行为原因的生物。

因此,将“自主性”一词应用于人工制品有点不恰当,尽管它们既先进又复杂。实际上,正如博斯特罗姆所说:“当前的AI系统没有道德地位。我们可能会随意更改、复制、终止、删除或使用计算机程序;至少就程序本身而言。我们在与当代AI系统打交道时所受的道德约束,全都建立在我们对其他生命(例如人类同伴)的责任之上,而不是对系统本身的任何责任。”[21]

自主系统的术语在科学文献和公共辩论中广为流行,它们指的是具有独立于人类指挥而行动的能力的机器。但是如第2.3.2节所述,在大多数情况下,机器的这种自主能力是指操作上或功能上的“自主性”。也就是说,根据系统的功能及其对环境的评估,在给定特定目标的情况下,无须直接外部干预即可确定如何最好地实现此目标的能力。例如,导航系统可以自动确定到达给定目的地的最适合路线,而扫地机器人系统可以计算出清洁客厅的最佳计划及时间。能动者设定自己的目标或动机的自主性,不仅在计算上实现起来更加复杂,而且更具争议性,在大多数情况下是不可取的。我们通常不会信任汽车导航系统来自动设置汽车的目的地,或者更糟的是,由它来告诉我们为什么要去一个给定的位置。

实际上,在原始哲学意义上,任何智能人工制品(无论多么先进和精巧)都不应被称为是“自主的”。因此,它永远不可能被赋予与人类相同的道德地位,也不会继承人的尊严。人的尊严是自由民主的核心价值,也是人权的基础,被视为不可动摇和不变的原则。这意味着在涉及人类的所有事务中都必须存在有意义的人类干预和参与。

但是,一些学者和实践者认为应该考虑一些“机器人的权利”。对这一概念有多种解释,在流行的观点中,这意味着诸如机器人之类的智能机器将享有某种类型的权利,就像人们认为动物应具有的权利一样。尤其是好莱坞和流行作家,经常给我们提供机器人拥有、被赋予或要求权利的场景。但是,这应该保留在小说领域。

在对机器权利的主题进行全面而广泛的论述[69]时,甘克尔(Gunkel)认为,与AI系统的作用有关的分析重点不在于它们的功能(“AI系统可以并且应该做什么?”),而是在于对此的社会回应,即“我们应该如何处理这样的系统?”这一观察结果与所谓的系统“受动者”相关联,这与关于系统“能动者”的更通常的分析形成了对比。任何伦理情况实际上都有两个组成部分:能动者(发起并决定采取行动的人)和受动者(该行动的目标者或接受者)[53]。甘克尔将机器人权利的问题与受动者在伦理互动中的地位联系起来并得出结论,通过反转该问题,并考虑到由于实体所接受的伦理待遇而产生的状况,人们可以对人工智能系统的伦

理地位问题展开更有意义的讨论。

布赖森(Bryson)持另一种立场,她主张一种规范性的话语,而不是描述性的话语,因为它涉及AI的伦理地位[26]。她认为"我们不太可能构建一致的伦理观以赋予AI道德主观性。因此,我们有义务不建立我们对之有义务的AI"。这些观点也反映在物理科学研究委员会(EPSRC)的《机器人原理》中,该原理还指出:"机器人是人造制品。不应以欺骗性的方式设计它们来利用易受攻击的用户;相反,它们的机器本质应该透明。"这些原则宣布机器人为人工制品,责任人应始终清楚,因为"人类而非机器人才是应负责的能动者"[112]。该立场与本书所述的关于负责任的AI的观点一致。

5.8 结束语

在本章中,我们讨论了开发能够进行伦理审议的系统的可行性和必要性。从此类系统的朴素体系结构开始,我们分析了伦理推理的要求和基础,并提出了几种可能的实现方案。在第5.7节中,我们讨论了AI系统的伦理地位问题。最后,我想进一步阐述这一问题。

当前,关于人工智能或机器权利的伦理地位的许多讨论都基于机器非常拟人化的观点,即个性化的实体是能动者还是受动者。人们将AI视为一个实体而不是技术领域,顺便说一下,这也是自主能动者的经典定义:能动者是"自我包含的、并行执行的软件过程,它囊括了某些状态并能够与其他能动者进行通信”[75]。但是,这种观点忽略了AI日益分散和网络化的性质,它由无数要素,包括人员、组织和(虚拟的和嵌入式的)AI系统组成,构成了真正的社会认知-技术系统。

在这种分布式AI现实中,我们需要能够分析组件之间的相互影响,每个组件背后的动机和要求,以及它们对整体决策的贡献。即使系统显然是单个实体,它也很可能连接到网络,因此成为复杂的分布式系统的一部分。例如,自动驾驶汽车与其他汽车相连,并通过网络接收天气报告以及来自道路传感器的有关道路状况的信息。汽车本身无非是信息和决策领域的一环。

因此,迫切需要从分布的角度研究自主性。忽略这样做的必要性会加剧责任的侵蚀和无法处理问责制的问题。理解分布式系统的伦理状况是AI伦理领域中最重要的一步。

最后,关于“人工智能系统是否可以合乎伦理?”这一问题,答案仍然难以捉摸的。根据我的经验,我设计了可以在维护社会规范或规则与实现目标之间进行思考的系统。而且我做了大量关于计算、表达和验证AI系统的社会特性的工作。这些系统中是否有任何一种能进行真正的伦理推理?目前还没有。这些系统从来没有意识到其行动和决定是否具有伦理上的“味道”。真正的道德推理不仅要能够做出道德决策,还需要对这些决策的伦理性进行推理,这需要向前迈出一大步。

研究伦理的计算理论需要将责任概念本身形式化,并需要有清晰的标准,以描述伦理能动者的构成,描述对某事负责需具备什么资格,以及描述自主行为和自主性的意义。朝此目标的努力必将有助于对所有这些概念有更深刻的理解,从而使我们对自己的伦理推理有更好的理解。因此,我认为这些是合理的科学努力。

5.9 延伸阅读

为了进一步了解 AI 系统的道德推理以及已提出的不同方法,我推荐以下阅读内容:

- Wallach W. and Allen C., *Moral Machines: Teaching Robots Right from Wrong* (Oxford: Oxford University Press, 2008).
- Cointe N., Bonnet G. and Boissier O., "Ethical judgment of agents' behaviors in multi-agent systems," International Foundation for Autonomous Agents and Multiagent Systems, *Proceedings of the* 2016 *International Conference on Autonomous Agents and Multiagent Systems* (*AAMAS 2016*), 2016, pp. 1106 - 1114.
- Conitzer V., Sinnott-Armstrong W., Borg J. S., et al., "Moral decision making frameworks for artificial intelligence," *Proceedings of the Twenty-Sixth International Joint Conference on Artificial Intelligence* (*IJCAI 2017*), 2017, Vol. 31, No. 1, pp. 4831 - 4835.
- Serramia M., Lopez-Sanchez M., Rodriguez-Aguilar J. A., et al., "Moral values in norm decision making," International Foundation for Autonomous Agents and Multiagent Systems, *Proceedings of the* 17*th International Conference on Autonomous*

Agents and MultiAgent Systems (*AAMAS 2018*), 2018, pp. 1294 - 1302.

有关 AI 系统道德地位方面的更多信息，请参阅：

• Gunkel D. J., *Robot Rights* (Cambridge, Massachusetts: MIT Press, 2018).

• Bostrom N. and Yudkowsky E., "The ethics of artificial intelligence," *The Cambridge Handbook of Artificial Intelligence* (Cambridge: Cambridge University Press, 2014), pp. 316 - 334.

• Bryson J. J., "Patiency is not a virtue: the design of intelligent systems and systems of ethics," *Ethics and Information Technology*, 2018, Vol.20, No.1, pp. 15 - 26.

• van Wynsberghe A. and Robbins S., "Critiquing the reasons for making artificial moral agents," *Science and Engineering Ethics* 2018, Vol.25, No.3, pp. 719 - 735.

第6章

在实践中确保负责任的人工智能

“如果你可以通过今天的创新来改变世界，以便明天能够履行更多的义务，那么你今天就有进行创新的道德责任。”

杰罗恩·范登霍文(Jeroen van den Hoven)

我们将在本章讨论人工智能系统的研究人员、开发人员和用户的责任，评估确保履行责任所需的社会手段。

6.1 引言

在前面的章节中,我们讨论了有关设计、开发、部署和使用AI过程中的责任问题(见第4章),以及如何通过AI系统本身处理伦理推理问题(见第5章)。在本章中,我们将研究可确保所有相关人员采取负责任路线的机制。

负责任的AI对不同的人意味着不同的事物。负责任的AI概念还可以作为许多不同观点和主题的整体容器。根据说话者和上下文的不同,它可能意味着以下情况之一:

(1) 有关社会活动中研发管理以及部署和使用人工智能的政策。

(2) 开发人员在个人和集体层面的作用。

(3) 关于包容性、多样性和普及性的问题。

(4) 对人工智能的益处和风险的预测和思考。

这些主题及其影响是完全不同的。将所有这些问题放在同一个篮子中可能会使讨论更加混乱,并使实现每个主题的建设性解决方案处于危险之中。它还可能会增加公众对AI的恐惧,随之而来的是关于AI是什么的毫无根据的错误观点泛滥的风险。

这些主题中最紧迫的也许是第一个。AI系统使用我们在日常生活中生成的数据,这些数据反映了我们的兴趣、弱点和差异。

像其他任何技术一样，AI 不是价值中立的。想要了解技术背后的价值观并决定如何将我们的价值观纳入 AI 系统就需要确定我们希望 AI 在社会中扮演什么角色。它意味着确定伦理准则、治理政策、激励措施和法规。也意味着根据不同的文化和原则，我们可以意识到由他人开发的 AI 系统背后的利益和目标的差异。对法规进一步扩展或替代的一种方法是认证。认证是一种风险监管和质量保证的手段，可确保其认证的产品或服务符合专业协会、标准组织或政府机构规定的标准。我们将在第 6.2 节中讨论法规和认证问题。

关于第二个主题，重要的是要认识到 AI 不是突然出现的，而是我们使它实现的。AI 系统的研究人员和开发人员在很大程度上决定了这些系统的行为方式以及它们将展现出什么样的功能。许多职业受行为准则的约束，这些准则概述了这些职业的正确行为。国际会计师联合会将行为准则定义为"以如下方式指导组织的决策、程序和系统的原则、价值观、标准或行为规则：(a) 为其主要利益相关者的福利做出贡献；(b) 尊重受其运营影响的所有成员的权利"。[①] 事实上，社会期望它所依赖的那些职业（包括医疗行业、军队、会计行业和许多其他职业）制定严格的行为准则。鉴于软件工程师在塑造 AI 系统和应用程序中所扮演的角色，现在应该期待这个专业团队提供一些行为准则。我们将在第 6.3 节中进一步讨论此问题。

---

① https://www.ifac.org/publications-resources/defining-and-developing-effective-code-conduct-organizations.

关于包容性、多样性和获取人工智能的问题,已经有很多论述,尤其是与偏见有关的信息(见第4.3.3节)。但是,这些问题也与开发AI的环境有关,并且与教育息息相关。包容性是开发团队和AI专业人员多样化的必要条件。这不仅需要人口统计指标,更重要的是要了解如何体验包容性。拓宽工程教育课程的范畴纳入人文科学和社会科学,对于确保负责任地设计和开发AI必不可少,这也将为学生群体的多样性做出贡献。我们将在第6.4节中进一步讨论此问题。

另一方面,媒体对最后一个主题给予了过多关注。未来将由我们的机器人霸主统治的异位论观点似乎正大行其道,并得到了一些学者(通常来自其他学科)以及众多的技术亿万富翁的支持。然而,正如卢西亚诺·弗洛里迪(Luciano Floridi)所说,即使从逻辑上讲存在可能性,这样的未来也是完全不会实现的,而专注于这些问题却分散了研究已经影响到我们的现实问题的精力[54]。尽管人们已经对这个话题着迷了很长时间,但这里的主要风险是,将重点放在未来可能的风险上是对我们解决已经面临的实际风险的干扰,现在面临的实际风险包括对人类隐私和安全的威胁、对人类劳动力的威胁、算法上的偏见等。我们将在第6.5节中进一步讨论AI叙事问题。

6.2 负责任人工智能的治理

近年来,我们看到围绕AI的伦理、社会和法律影响的工作正在不断增加。这是包括欧盟、经合组织、英国、法国、加拿大等在内的国家和跨国治理机构共同采取行动的结果，但也源自从业者和科学界发起的自下而上的倡议。其中最著名的一些倡议是：

- IEEE 倡议的自主和智能系统伦理；①
- 欧盟委员会人工智能高级专家组；②
- AI 伙伴关系；③
- 法国人工智能人类战略；④
- 英国上议院人工智能专责委员会。⑤

这些倡议旨在提供具体的推荐、标准和政策建议以支持 AI 系统的开发、部署和使用。还有一些倡议集中在分析 AI 系统及其开发应遵循的价值观和原则上。例如：

- 阿西洛马原则；⑥
- 巴塞罗那宣言；⑦
- 蒙特利尔宣言；⑧
- 日本人工智能学会伦理准则。⑨

通过分析这些原则和价值观，可以清楚地看到，所有举措都将人类的福祉作为 AI 发展的核心，并且普遍认可责任制与问责

---

① https://ethicsinaction.ieee.org/.

② https://ec.europa.eu/digital-single-market/en/high-level-expert-group-artificial-intelligence.

③ https://www.partnershiponai.org/.

④ https://www.aiforhumanity.fr/en/.

⑤ https://www.parliament.uk/ai-committee.

⑥ https://futureoflife.org/ai-principles/.

⑦ https://www.iiia.csic.es/barcelonadeclaration/.

⑧ https://nouvelles.umontreal.ca/en/article/2017/11/03/montreal-declaration-for-a-responsible-development-of-artificial-intelligence/.

⑨ http://ai-elsi.org/wp-content/uploads/2017/05/JSAI-Ethical-Guidelines-1.pdf.

制的伦理原则。这些倡议进一步关注了不同类型的原则,这些原则可以分为三个主要类别:社会的、法律的和技术的。归并了同义和近义术语后,这些倡议所确定的主要问题大致如图 6.1 所示。

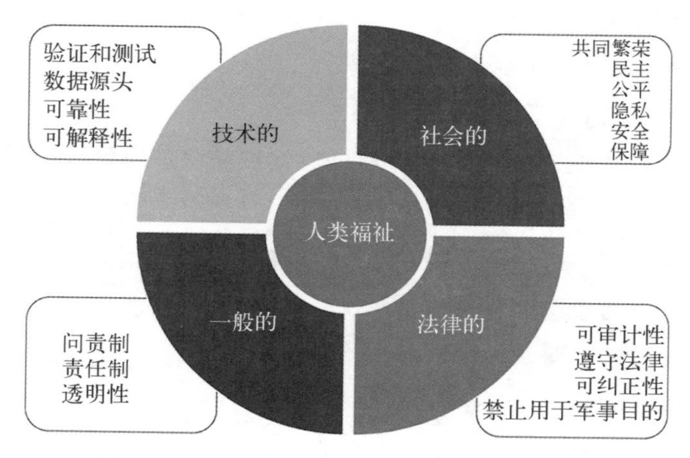

图 6.1　不同倡议确定的主要价值观和伦理原则

在经典的阿西莫夫定律的基础上,还有一系列针对机器人技术的特定伦理问题的举措:

- 物理科学研究委员会机器人学原则;①
- 负责任的机器人技术基金会。②

实际上,几乎没有哪一周不出现国家级或公司级别的关于 AI 原则或其他倡议的宣言。有关所有此类倡议的最新信息,请查看

① 参阅文献[16]。
② http://responsiblerobotics.org/.

艾伦·温菲尔德(Alan Winfield)的博客[①]和由 Doteveryone[②] 协调的众包工作。[③]

然而,确保负责任的 AI 不仅仅是建立所需原则、标准或建议的列表。它需要采取行动。实现此行动的可能途径是法规、认证和行为准则。这些将在第 6.3 节中进一步讨论。

6.2.1 法规

每当提及关于 AI 开发和使用的法规时,通常都会提到两个问题。首先,担心法规会扼杀创新和进步。其次,当前的法律法规是否足以应对人工智能的复杂性。我认为,这两个问题都太短视了。

鉴于 AI 的动态性质,我们不能等到技术成熟后再进行监管。现在人工智能已经影响着个人和社会,改变了认知和互动功能,并影响着我们的福祉。但是,正如我们在前几章中所看到的那样,没有关于 AI 是什么的既定定义,缺少这一点就很难确定什么是监管的重点。此外,正如编写《人工智能百年研究报告》的小组所观察到的那样[116],由于不同领域的风险和考虑因素差异太大,因此无法采用通用的监管方法。这意味着,对 AI 在特定领域如医疗保健或军事等领域的使用进行监管,而不是对 AI 本身进行监管,能够更好地确保 AI 的正确应用,并且可以更好地将其纳入现有的监管形式中。

---

① http://alanwinfield.blogspot.com/2017/12.

② 一家英国智库机构。——译者注

③ https://goo.gl/ibffk4 (Google docs).

此外,还要认识到并非所有法规都是消极的。当监管采取激励或投资计划的形式,促使组织追求特定类型的应用程序或技术方法时,其情况尤其如此。

关于当前法规的适用性问题,很明显人工智能是一种人工制品,因此,许多关于产品和服务的责任的法律都适用于它们。但是,法律专家和 AI 专家之间需要密切合作,以便根据 AI 应用的特定案例对现有法律进行评估和修订。

最后,也可将监管视为进一步科学发展 AI 的一种手段。例如,考虑一种情况,立法将限制数据的使用,并要求对 AI 系统实现的所有结果进行解释。而当前基于神经网络和深度学习的许多方法无法满足这些需求。可以将其视为对使用 AI 的限制,然后通过投诉、拒绝遵守、要求赔偿经济损失和延迟开发来解决。但也可以将它看作是一个挑战。然后,研究人员需要回到图纸上来,提出新颖的学习和推理技术,在不影响效率的前提下确保数据的可解释性和可持续利用性。

到目前为止,人工智能还不能实现这些技术。当前的机器学习技术还处于发展道中。如果监管是促进这一进展的手段,那么我们最好接受它。这种方法的确需要科学家、开发人员、政策制定者和伦理学家之间保持开放和合作的文化,以确保监管产生对技术和社会都有利的发展动力。令人鼓舞的是,各方日益认识到不同当事方之间进行对话的必要性。

6.2.2 认证

我们怎么能知道昨天买的鸡蛋到底是不是有机散养的?所

有鸡蛋看起来都是一样的。然而，人们倾向于相信认证标签，它表明已经按照一组定义什么是散养鸡蛋的指标对鸡蛋进行了评估。如果我们愿意，还可以了解这些规则以及谁是认证机构。[①] 这里的重点当然不是鸡蛋，而是过程。即使我们对鸡蛋的了解不是很多，但仍然有足够的信息和力量来决定要购买哪些鸡蛋。

我们可以考虑类似的 AI 系统机制。在这种情况下，独立和受信任的机构将根据一组明确定义的原则（可能从前述倡议中得出）来验证和测试算法、应用程序以及产品，并保证系统的质量。作为此类系统的用户，我们可以选择哪种类型的系统最能满足我们自己的个人需求。

这种认证方法可以与监管方法结合使用。在这种情况下，法规将规定相关国家或地区内所有系统必须具备的最低限度的原则及其解释，类似于欧盟内部现行的数据保护法规。[②] 除了法规规定的最低要求外，认证还支持业务区分，同时又能确保对消费者的保护。

当前，包括 IEEE 在内，已经启动了多项针对 AI 伦理认证的倡议。IEEE 的自主和智能系统伦理认证计划（ECPAIS）旨在创建用于认证和标记流程的规范，从而提高透明性和问责制，并减少 AI 系统中的算法偏差。

在我们最近提出的关于人工智能的伦理框架的白皮书中，我们建议成立一个新的欧盟监督机构，负责通过对具有类似目的的

---

① 如果你真的对鸡蛋感兴趣，请查看维基百科中有关美国、欧盟和澳大利亚的信息：https://en.wikipedia.org/wiki/Free-range_eggs.

② 参阅 https://eugdpr.org/。

人工智能产品、软件、系统和服务进行科学评估和监督来保护公共福利[56]。同时,包括埃森哲(Accenture)和普华永道(PwC)在内的数家商业组织都宣布了用于算法分析的审计服务。

6.3 行为准则

确保对 AI 系统负责的另一种方法是为从事数据和 AI 相关工作的专业人员制定自我监管的行为准则,规定与开发中的系统的影响有关的特定伦理责任。这种方法遵循与其他关键的和社会敏感的职业(例如医生或律师)相似的思路。这样的行为准则可以作为区分因素,但随着它变得越来越普遍,也成为对 AI 相关活动从事者的要求。与认证一样,当更多的人了解负责任的 AI 方法的优点时,我们可以预期开发人员和提供者都将被要求遵守行为准则[56]。

专业行为准则是为专业团体和由专业团队制定的公开声明,旨在

- 反映从事该行业的人员的共同实践、行为和伦理准则;
- 描述职业和社区期望的行为质量;
- 向社会提供有关这些期望的明确声明;
- 使专业人员能够反思自己的伦理决策。

行为准则支持专业人员评估和解决职业和伦理困境。尽管在伦理困境中没有绝对正确的解决方案,但是专业人员可以通过参考准则来考虑自己的行为。

许多组织和企业都有自己的行为准则。在许多情况下遵守

准则是自愿的，也有一些职业要求从业者忠于其准则。在许多国家，这些准则指职业条例或行业资格，在这些国家，取得会员资格是从事该职业的必要条件。最广为人知的是医生采用的《希波克拉底誓言》（也称《医师誓约》或《日内瓦宣言》）。

最近，最大的国际计算机专业人士协会美国计算机协会（ACM）更新了他们的行为准则[65]。此自愿性的准则是“旨在帮助计算机专业人士在专业实践中做出符合伦理责任的决定的原则和指南的集合。它将广泛的伦理原则转化为关于专业操守的具体陈述。”①此准则明确解决了与AI系统开发相关的问题，即紧急属性、歧视和隐私问题。具体来说，它呼吁技术人员确保系统具有包容性和对所有人的可访问性，并要求他们对隐私问题有充分的了解。

6.4 包容性与多样性

包容性和多样性是更广泛的社会挑战，对于AI发展至关重要。对于人工智能系统的研究和开发必须从多样性的角度出发。从多样性的所有意义来看，它显然包括性别、文化背景和种族。同时，越来越多的证据表明，认知多样性有助于更好地决策。因此，开发团队应包括社会科学家、哲学家和其他人士，并确保性别、种族和文化差异。在所有相关方面使AI开发人员多样化至关重要[56]。监管规范和行为准则可以指定目标以及激励措施，

① https://www.acm.org/articles/bulletins/2018/july/new-code-of-ethics-released.

以促进 AI 团队的多样性。

从事 AI 工作的人员的专业多样化也同样重要。为了解 AI 的伦理、社会、法律和经济影响并评估设计决策如何产生这种影响,AI 专业人员需要具有哲学、社会科学、法学和经济学的基础知识。

教育在这里起着重要的作用。人工智能不再是一门工程学科。实际上,人工智能十分重要,不能只留给工程师。AI 确实是跨学科的。全球范围内当前最新的 AI 和机器人技术课程为工程师提供的任务视图过于狭窄。AI 对社会的广泛影响要求扩大工程教育范围,至少应包括以下几个方面:

- 分析人工智能应用程序的分布式性质,因为这些应用程序集成了社会技术系统以及人与人之间交互的复杂性;
- 反思分布式学习实体的自主、紧急、分散、自组织特征的含义和全局影响;
- 了解渐进的设计和开发框架以及各个决策在系统级别上无法预料的正面和负面影响,包括对于人权、民主和教育的影响;
- 了解包容和多样在设计中的重要性,以及这些如何形成过程和结果;
- 理解治理性和规范性问题:不仅在权限和责任方面,而且在健康、安全、风险、解释和问责方面;
- 了解社会-技术系统的基本社会、法律和经济模型;
- 了解基于价值的设计方法和伦理框架。

拓宽 AI 课程可能也是吸引更多样的学生群体的一种方式。当 AI 课程被认为是跨学科的时,可以预期在传统上(至少在西方社会中）倾向于选择人文学科和社会学科而不是工程学科的女学生可能会被激励选择 AI 课程。同时，其他课程也需要纳入有关 AI 理论和实践的主题。例如法律课程需要储备法律专家，以解决围绕 AI 的法律和法规问题。

最后，还要认识到，除了人类多样性以外，考虑文化多样性也很重要，其中包括教育、宗教和语言等因素。人工智能日益普及，并应用于不同的文化和地区。不了解文化多样性会对获得 AI 带来的优势的普遍权利产生负面影响。在一个日益互联的 AI 世界中，激励机制和规章制度可以支持人们对多元化观点的认识和承诺，从而确保 AI 应用程序真正适应多样化的文化空间，从而使所有人都能使用。

6.5 AI 叙事

AI 的责任始于适当的 AI 叙事，它揭开了 AI 技术的可能性和过程的神秘面纱，并使所有人都能够参与有关 AI 在社会中作用的讨论。

自一开始，AI 领域便经历了风风雨雨，经历了寒冬和大肆宣传期。但是，我们从来没有目睹过如此多的人在如此众多的领域中感到兴奋和恐惧。人工智能正在许多不同的应用领域中取得突破，其结果甚至给最博学的专家留下了深刻的印象。导致这一发展的三个主要因素是：大量数据的可用性不断提高，算法得到改进，计算能力变得强大。但是，在这三个因素中，只有算法的改进才可以真正被视为 AI 领域的贡献，另外两个是幸运的偶然事件。

意识到从来没有哪项技术能像人工智能一样影响我们的生活方式和我们的世界,引发了有关其伦理、法律、社会和经济影响的许多问题。当前,几乎没有一天不出现有关人工智能的影响以及如何应对人工智能的新宣言或新准则。各国政府、企业和社会组织都在提出提案和宣言,承诺以负责任、透明的方式进行AI开发,以人类价值观和伦理原则为主导。这是最迫切需要的进展,最近几年我一直致力于此。

人工智能不是魔术。与某些人可能想让我们相信的相反,人工智能使用的算法不是魔杖,不能像魔杖一样赋予用户无所不知的能力或实现任何事情的能力。AI使用算法,不过其他任何计算机程序或工程流程也使用算法。算法远非魔术,而且已经存在了数千年。[①] 实际上,最简单的算法定义是食谱,即达到特定结果的一组精确规则。每次将两个数字相加,便使用了一种算法。烤苹果派时,我们也在遵循一种算法,一种食谱。就其本身而言,食谱从未变成苹果派。派的最终结果更多地取决于我们的烘焙技巧和选择的食材。AI算法也是如此:在很大程度上,结果取决于输入的数据以及训练它的人员的能力。而且,就像我们可以选择使用有机苹果做派一样,在AI中,我们可以选择使用尊重并确保公平、私密、透明和具有我们珍视的所有其他价值的数据。这就是负责任AI的含义,是有关范围、规则和用于开发、部署、使用AI系统的资源的决策。AI不仅是算法,或者它所使用的数

① 算法一词源自“the man of Warizm”(瓦里兹姆人,现为Khiva)Al-Kwarizmi,Al-Kwarizmi(赫瓦兹米)是9世纪数学家穆罕默德·伊本·穆萨(Abu Ja'far Muhammad ibn Musa)的名,他的代数和算术论著作广为流传。

据。它是决策、机会和资源的复杂组合。

适当的AI叙事还涉及需要了解AI拟人化的益处和潜在的危险。从向联合国理事会致辞的机器人索菲亚到谷歌(Google)的预约理发师的聊天机器人,AI系统越来越多地模仿人类,并取得了不同程度的成功。尽管在许多情况下,可能有必要使AI系统以与人无区别的方式进行交互,但对于误导问题和不现实期望设定的关注也不容忽视。

尽管这些(AI)平台对于机器人技术、人工智能和人机交互的实验和探索的重要性不可忽视,但确保用户和公众不受其欺骗同样重要。以目前的形式,这些平台甚至还不能算是人类水平的AI。是的,Google Duplex可以欺骗理发师,使其相信是真正的人在进行预约。[①] 或者在某个事件中,公众可以认为机器人索菲亚确实具有情感。[②] 但没有人工智能能通过图灵测试,也无法回答超出其预设范围的问题。

人类水平的智能和行为显然是AI研究的目标,AI的目的是为人们提供支持和能力以完成任务,同时也可以(帮助人们)更好地理解什么是智能。此外,在未来,机器人和其他AI平台将在我们的家中、我们的工作场所中作为提升我们交互质量的手段发挥越来越重要的作用。研究的一个重要方向是了解人机交互将如何影响我们对这些系统的理解以及我们如何与之交互。在这方面,负责任的AI意味着使用拟人特征(声音、外观等)必须通过对

---

① 参阅 https://ai.googleblog.com/2018/05/duplex-ai-system-for-natural-conversation.html for details.

② 参阅 http://goertzel.org/sophias-ai-some-comments/,其中描述了索菲亚如何工作。

目的和实施过程的严格伦理评估,确保用户和其他利益相关者参与设计,以及确保他们有足够的选择来判断使用拟人特性的必要性。

6.6 结束语

AI 系统将越来越多地做出影响我们生活的或大或小的决策。在所有应用领域中,AI 都应该将社会价值、道德和伦理纳入考量,并权衡不同利益相关者在多元文化背景下所持有的价值观的优先次序,解释其推理并保证透明性。随着自主决策能力的增强,也许需要考虑的最重要问题是重新思考责任。作为基础工具,AI 系统完全在其所有者或用户的控制和责任之下。但是,它们的潜在自主性和学习能力要求在设计它们时以明确而系统的方式考虑问责制、责任制和透明性原则。迄今为止,人工智能算法的发展一直以提高性能为目标,从而导致不透明的“黑箱”。要将人类价值观置于 AI 系统的核心就要求研究人员和开发人员转向提高透明性的目标,这将带来新颖而令人兴奋的技术和应用。

一些研究人员声称,鉴于 AI 系统是人工制品,对 AI 伦理学的讨论有些错误。确实,我们,人,应该对这些系统负责。我们,人,决定着 AI 系统可以回答的问题以及如何处理其决策和行动的结果。因此,对于负责任的 AI 的主要关注点是确定参与 AI 系统设计、开发、部署和使用的所有参与者的相关责任。

为了设计对道德原则和人类价值观敏感的 AI 系统,负责任 AI 的方法基于同等重要的三个支柱。首先,社会必须准备好为

AI的影响承担责任。这意味着,当研究人员和开发人员关注对社会产生直接影响的AI系统的开发时,应了解他们自己的责任。这需要在开发和交付教育和培训材料方面以及为AI开发人员制定行为准则方面付出额外的努力。这还需要相对应的方法和工具来理解并将道德、社会和法律价值与AI技术的发展相结合。

因此,负责任的AI首先涉及治理问题。由政府和公民决定如何对责任问题进行监管。例如,如果自动驾驶汽车伤害了行人,谁来负责?是硬件(例如汽车用来感知环境的传感器)的构建者,操控汽车道路行为的软件的构建者,允许汽车上路的当局,还是设置汽车个性化决策以满足其偏好的车主?面对由于长期(自主)学习过程而起作用的系统,如何理解当前涉及产品责任的法律?所有这些问题,以及更多的问题,都指向社会落实到位的有关负责任地使用AI系统的法规。

其次,负责任的AI意味着需要建立使AI系统按照伦理道德和人类价值观行事的机制。无论我们是否以这种方式设计它们,人工智能系统都会做出并且已经在做出符合伦理的决策(如果这些决策是由人做出的,我们认为它们符合伦理)。意识到这一点就能了解负责任的AI的全部目的。我们如何设计隐含"符合伦理"特质的决策系统?或者我们如何设计系统以确保它采用的是某人采用的决策,因为这是一种符合伦理的决策?不符合伦理的决策和符合伦理的决策之间的界限在哪里?这就需要模型和算法来表达和推理人类价值观,并根据人类价值观做出决策,以及根据对这些价值观的影响来证明其决策的合理性。当前的(深度学习)机制无法将决策与输入有效地联系起来,因此无法以我们可以理解的方式来解释其行为。

最后,同样重要的是,负责任的AI与参与有关。为了开发负责任的AI框架,有必要了解不同的人如何跨文化地使用AI技术。实际上,人工智能本身并不存在,而是作为各种多样性的社会技术关系的一部分存在。在这里教育再次扮演着重要的角色,它使得有关AI潜能的知识广泛传播,使人们意识到他们可以参与塑造AI的社会发展,这也是确保多样性和包容性的基础。目前最紧迫的需求之一,就是一种崭新的、更具雄心的治理形式,以确保不可避免的AI发展和进步可为所有人享有并服务于社会的福祉。

6.7 延伸阅读

我们在本章已经提供了当前许多有关AI政策的倡议的链接。建议查阅这些链接和参考内容以获取更多信息。

关于负责任的AI的国家和公司层面的倡议也越来越多,其中大多数是倡议者坚持的宣言或原则清单。对于国家倡议蒂姆·达顿(Tim Dutton)做了一个较好的概述,见 https://medium.com/politics-ai/an-overview-of-national-ai-strategies-2a70ec6edfd。

往前看

"提防有关神奇的未来技术的言论。"

罗德尼·布鲁克斯(Rodney Brooks)

我们着眼于现在和不久的将来人工智能的社会影响,尤其要考虑到工作和教育的未来,以及与人工智能和超级智能的可能性相关的潜在风险。

7.1 引言

罗德尼·布鲁克斯在他的文章《人工智能预测之七宗致命罪恶》[①]中引用了阿马拉定律(Amara's Law):“人们总是高估一项科技的短期作用,却又低估它的长期影响。”在相对较短的历史中,人工智能在20世纪60年代和20世纪80年代多次被高估,导致所谓的AI寒冬,并且也至少被低估了许多次。自20世纪80年代后期以来,我一直在从事AI方面的工作,在我的大部分工作生涯中,我都需要证明为什么我要在如此深奥的领域进行研究,而这种研究不可能产生任何有用的产品。但是,如果没有在寒冬里开展的工作,人工智能和机器学习的当前发展是不可能实现的。

尽管如此,当今的媒体和商业兴趣几乎使人相信AI是“突然”占领了世界的一项新技术。当前AI的崛起通常可以与工业革命相提并论。2017年,莱弗尔梅未来智能中心(Leverhulme Centre for the Future of Intelligence)执行主任史蒂文·凯夫(Steven Cave)称AI革命“……发生的速度可能更快,因此潜在的危害甚至更大”。[②]

---

① 参阅 https://www.technologyreview.com/s/609048/the-seven-deadly-sins-of-ai-predictions/。

② 参阅 https://www.telegraph.co.uk/business/leaders-of-transformation/horizons/intelligence-revolution/。

(AI发展的)步伐可能正在加快,但实际上,人类一直在关注技术变革的步伐。

而且,机器已经在相当长的时间里为我们做出决策了,并且在许多情况下是自主进行的。我的温控器根据我的首选室温信息来决定打开或关闭中央供暖系统;我们本地火车站的电子门根据我的旅行信用信息以及当地旅行部门设置的规则决定是否授予我进站的权限;当我在搜索某些内容时,谷歌在数万亿个网页中决定我更希望看到哪一个;网飞(Netflix)根据我的喜好以及它认为与我相似的人的信息,告诉我今晚可能要看的内容。

导致AI决策与众不同并且令某些人担忧的是,这些决策的不透明性以及人们没有看到对AI系统基于这些决策所采取行动的控制。这种观点既令人窒息又不值一提。令人窒息的原因是它可能导致我们对机器的控制感到无能为力,而不值一提则是因为它可能导致人类对AI系统的使用及其后果承担更少的责任。

正如我们在本书中所看到的,我们人类是根据机器学习算法确定最优目标和实用功能的。我们是决定机器最大化目标的人。实际上,即使在尼克·博斯特罗姆[20]著名的"回形针最多化"的示例中,也曾经有人将这个最大化目标给了不幸的智能工厂。

人工智能确实会带来许多风险,邪恶者可能将其用于作恶。但是,人工智能还具有巨大的潜力,可以改善许多人的生活,并确保所有人的权益。正是由我们来决定:

● 构建算法是为了最大化股东利益还是使社区中的资源达到最公平分配?例如,可以为公地悲剧的情形提供解决方案并支持资源公平分配的算法。

• 是使用 AI 来优化公司绩效还是为世界各地的小农优化作物产量？例如，提供有关肥料水平、播种和收获时间以及天气状况的实时信息的 AI 系统。

• 是构建 AI 系统来模仿和替代人类，令使用者对机器性质产生误解，还是构建确保幸福、参与和包容的 AI 系统？例如，提供改善跨文化交流的翻译服务，为所有人提供信息和教育机会，以及遏制假新闻的传播。

这些正是由我们来决定的。人工智能的发展可能受到金钱和股东利益，或者人类权益和福祉以及社会价值观的驱使。正是由我们来决定，是要人工智能增强我们的设施并使我们更好地工作，还是取代我们？人工智能对工作的影响也许是人工智能带来的潜在技术进步中被讨论最多的方面之一。我们将在第 7.2.1 节中讨论此问题。

决策的力量是我们所有人的力量。研究人员、开发人员、政策制定者、用户，我们每一个人。

但是要使用此力量，我们需要知晓并参与有关 AI 的政策和策略讨论。我们所有人。就像战争的后果过于重大而不能仅仅交由指挥官负责，民主太重要而不能仅仅交给政客一样，人工智能也不能仅仅交给技术官僚。这意味着我们需要对 AI 采取多学科的方法来研究，但最重要的是，我们需要采用使所有人都能参与的不同的教育方法。我们在第 6.4 节中讨论了教育对于包容性和多样性的重要性，并将在第 7.2.2 节中反思 AI 对教育的影响。

我们还需要考虑与 AI 技术相关的风险。这些可能是有意的或无意的，但两种情况都可能导致严重的负面后果。我们将在第7.2.3节中讨论主要的风险。在第7.2.4节中，我们将探讨AI的许多有益用途，即AI造福人类的领域。

最后，关于人工智能的书如果不对超级智能的可能性和合理性进行一些反思，就不可能完整。我们将在第7.3节中讨论。

7.2 人工智能与社会

随着人工智能技术在人们迄今为止完成的许多任务上变得越来越出色，我们可以期望看到效率和财富的增长。但是，人们对如何确保全人类共享这些利益而不是少数人获得特权表达了许多关切。据我们所知，对人工智能社会影响的担忧目前已被专家、媒体和决策者广泛表达。这些关注主要遵循两个主要方向。一方面，人们担心人工智能对我们当前社会的影响：工作的数量和性质、隐私、(网络)安全和自动武器的部署是最常被提及的问题。另一方面是与超级智能或奇点相关的可能存在的风险，即AI系统超越人类智能时对人类的危害。

人们经常听到一种说法，即人工智能具有破坏社会和商业所有领域的潜力。许多倡议、新闻报道和项目都与AI的社会影响有关，它们旨在确保这些影响是积极的。

7.2.1 工作的未来

在不久的将来，人工智能对工作的影响可能最为明显。当AI系统取代许多传统工作中的人员时，我们必须重新考虑工作

的意义。工作将会改变,但更重要的是,工作的性质也会改变。有意义的职业是那些为社会的福祉、自我实现和人类进步做出贡献的职业。这些不一定等同于我们目前对“付酬工作”的理解。如果使用得当,人工智能系统可以使我们自由地互相关照,沉浸于艺术、业余爱好和体育运动,享受大自然,进行冥想。即(让我们沉浸于)那些赋予我们力量并让我们快乐的事物。但是在不关心社会影响和人类福祉的情况下使用 AI,可能导致大量的工作流失,加剧不平等和社会动荡。采取适当的激励和奖励机制可以保障系统的良好运行和可持续性,还需要对财富和有意义的职业进行新的定义,以确保 AI 有益于人类和环境。同时,许多新工作将会出现,它们需要技术熟练的工人,这些工人要拥有将技术教育与人文、艺术和社会科学相结合的一套技能。

人工智能将为我们执行艰苦、危险或无聊的工作;它将帮助我们挽救生命并应对灾难;它将使我们愉悦,并使我们的日常生活更加舒适。实际上,当前的 AI 系统已经在改变我们的日常生活,几乎完全以改善人类健康、安全和生产力为目标。在未来的几年中,我们可以预期 AI 系统将在诸如运输、服务、医疗保健、教育、资源匮乏的社区、公共安全与保障、就业和工作场所以及娱乐等领域得到越来越多的应用。必须以建立信任以及理解、尊重人权和公民权利并符合文化和社会背景为前提来引入这些系统。

我们迫切需要预见 AI 对于数字未来的影响并为其做好准备。除了必不可少的技术能力外,未来人类劳动力还将面临其他方面越来越多的挑战,比如需要合作、适应瞬息万变的世界并保持怀疑的态度。人工智能应用程序将与我们一起参与数字生态系统,而这些系统可以在许多方面为我们提供帮助。与人工智能系统并存将必然给我们人类的互动、学习和工作方式带来变化。

总体而言,专家认为,人工智能技术正在创造并同时破坏就业机会,尤其值得注意的是,它不太可能在未来大幅减少工作的数量。从历史趋势中我们知道,从长远来看,技术进步一直对工作的质量和数量有利。但是,从短期来看,可以预见对特定职业和特定人口群体职业的破坏。研究还表明,就业机会多样化的地区可能会更好地适应变化[59]。

教育和培训可以最大限度地减少破坏。即使我们无法确定将来会出现哪些工作,但人们预期具备同理心、同情心、创造力和快速适应突发情况的技能是至关重要的。而且,对于将技术教育与人文、艺术、社会科学相结合的技能的需求可能会增加。我们还需要鼓励使用 AI 来支持新技能的开发,这将使人们适应新的工作类型[56]。

此处监管也起着重要作用,以确保不同地区、人口群体和工作领域之间的负担得到平衡。目前正在考虑的可能的监管干预措施包括税收(例如臭名昭著的机器人税①)和"全民基本收入"计划。这也需要社会伙伴,例如工会和专业组织参与对话,并对 AI 的影响承担责任。

总之,20 世纪的技术发展导致了大规模生产和大量的消费。直到最近,拥有一直是主要目标,而竞争一直是主要动力:"我就

① 参阅 https://www.techemergence.com/robot-tax-summary-arguments/,总结了支持和反对机器人税的主要论点。

是我所拥有的”。包括人工智能在内的数字化发展都主张开放而非竞争：开放数据、开放资源和开放访问。现在，人们正迅速转向共享：“我就是我所共享的”。结合工作角色的变化，这种新颖的财富观要求我们对经济和金融有新的认识，但可以为社会带来根本的积极的变化。

7.2.2 教育的未来

社会的数字化转型可能是 21 世纪的主要挑战。到 2013 年底，在数字世界中长大的人开始超过必须适应数字世界的人。但是，确保每个人都能够为数字生态系统做出贡献并充分参与劳动力建设的能力却落在了后面，当前的教育课程也许不是最适合满足未来工作需求的课程。

考虑到“我们塑造的工具，将会塑造我们”[①]，数字生态系统将带来对人类基本价值观的重新定义，包括我们当前对工作和财富的理解。为了确保实现数字生态系统的复原力和可持续能力建设所需的技能，以下几方面必须成为全世界教育课程的核心：

- 协作：数字生态系统使跨距离、时间、文化和环境的协作成为可能。世界确实是一个村庄，我们所有人都是这个村庄的居民。我们需要互动、建立关系并展现自我意识的技能，以便在跨文化活动中有效地与他人合作。

- 问题：人工智能系统擅长寻找答案，并且会越来越擅长。我们有责任提出正确的问题，并严格评估结果，以便为负责任的

① 引自媒体理论家马歇尔·麦克卢汉(Marshall McLuhan)。

解决方案的实施做出贡献。

- 想象：需要能够运用同理心、逻辑和新颖思维来创造性地解决问题的技能。为此，人文教育至关重要，应将其纳入所有技术课程中。

- 学会学习：快速适应和掌握新技能的能力对于成功至关重要。我们要不断学习和成长，并适应变化。能够了解需要知道的内容，了解何时应用特定概念以及了解如何做到这一点，是持续成功的关键。

数字时代是重塑和创造的时代。能力建设必须将这些技能与专业技术结合在一起。这表明人文、艺术、社会科学和 STEM（科学、技术、工程和数学）之间的传统分离并不适合数字时代的需求。未来的学生不仅应是多学科的，还应是跨学科的：除了学科观点之外，还要建立一个统一的知识框架。实际上，我会说人工智能不是 STEM 学科。它本质上是跨学科的，并且需要当前教育课程未涵盖的一系列功能。我们迫切需要重新设计研究。这也将为真正实现跨学科领域的融合和多样性提供独特的机会。

7.2.3 应对风险

人工智能本身具有巨大的潜力，可以改善许多人的生活，并确保所有人的人权。为了我们所有人的利益，我们应将风险降至最低。正如第 6 章所讨论的那样，将法规、认证、教育和自我意识结合在一起对于实现这一目标至关重要。

无论是有意还是无意造成的风险，它们对于安全、民主以及作为人的意义都有深远的影响。在下文中，我们讨论其中一些问题。请注意，此讨论旨在提出一个总体思路，而不是列出所有潜在风险的详尽清单。

应对风险要求人们具备能力来控制与之交互的系统，而不是让系统自主控制。这再次要求教育和社会机构愿意对我们允许AI塑造社会的方式承担责任。

安全

确保AI系统安全是信任的主要条件。

安全是指保证系统确实能够按预期做事，而不会损害用户、资源或环境。同样，要知道该系统的目的是有益的，并符合人权和价值观念。

意外的后果有很多种。它们可能是编程中的错误，也可能是资源、法规或算法的不正确使用。其中一些导致有偏见的结果、隐私被侵犯或错误的决定。正如我们在第4章中讨论的那样，结构化的、开放的和以价值为中心的设计过程对于减轻和纠正意外的后果至关重要。此外，需要正式的机制来衡量和指导AI系统的适应性并确保过程的稳健。设置可以启动后备计划的安全保护措施也十分必要，这可以防止AI系统出现问题。在某些情况下，这可能意味着AI系统从统计过程切换到基于规则的过程。在另一些情况下，这可能意味着系统要求操作员接管控制。

恶意使用AI的情况更糟。包括从垃圾邮件之类的小麻烦到全面的网络战[117]。最近的一份报告[24]调查了恶意使用人工智能技术带来的潜在安全威胁，并提出了更好地预测、预防和缓解这些威胁的方法。该报告建议将法规和责任相结合以解决此问题。特别是，敦促研究人员和开发人员仔细考虑其工作的双重用途。此外，开发能够评估和偏离其他 AI 系统恶意目标的 AI 技术也可以最大限度地减少滥用 AI 的影响。

民主

越来越明显的是，人工智能将使我们构建经济和社会的方式发生根本性的改变。但是，人工智能是否就如某些人所预言的那样，是我们所认为的民主的终结？[72] 当前的民主理想基于个人的自决权[32]。通过影响人们的自决，人工智能可能会或正面或负面地影响民主进程。

我们目前看到的是，在 AI 系统的影响下，传统上由民主机构行使的平息多数情绪的能力正在削弱。互联网使公民的不同观点越来越突出，这已被证明成为不满的公民向民主机构施加压力并迫使其改变政策的有力手段。同时，通过针对个人情绪和偏好的(假)新闻来操纵公众情绪使其朝向特定立场变得容易起来。与人工智能相关的政治风险是指社会中个人、群体或价值观之间权力失衡的风险，由于信息收集、处理的权力的集中和速度的提高，这些政治风险逐渐变得可能。

通常民主的给予正如其获得一样。当前的观点是，民主是巨大的均衡器，这是我们在所有情况下都需要并希望维护的。但是，对民主的批判性观点表明，传统民主常常给特定的个人/公民以特权，并且排除了更为激进的民主观念。

另一方面，人工智能和数字技术已经在颠覆传统的民主观，并不一定总是使其变得更好，以确保过程更具包容性。实际上，人工智能正在加强民主与经济学之间的联系(如果目前有的话)，支持操纵信息以满足少数人的需求，并可使不受民主审查和控制的超级经济体出现。当使用算法来决定我们对新闻、政治候选人或企业的信息的访问方式时,意见和选票可能会发生变化,从而可能会建立或破坏一个潜在的政府。由于算法审查基本上不受监管,因此大公司原则上可以决定我们在传统的治理和问责制民主程序之外拥有哪些信息。此外,同样是这些公司,由于我们使用其产品共享、存储和管理信息,因此可以拥有我们以及我们的政府的大多数数据。

因此,我们所认为的民主正在改变其形式。这是一个开放的研究领域,可通过 AI 的使用及其效果来研究民主的变化方式。

另一个重要问题是参与和控制。目前,人工智能系统在很大程度上由大型私有公司所拥有和支配,这些公司不仅决定如何设计和部署人工智能,还控制和正式拥有通过这些系统共享的所有数据。因此,这些公司对我们创建和设计的公共空间,我们使用的公共资源,以及市政当局、学校等用于与公民、学生和家长进行沟通的公共空间也产生巨大影响。

简而言之,控制 AI 的人实际上也可以控制民主程序和制度。没有明确的法规,我们将无法理解这些系统背后的价值观和要求。而且,由于人们认为集体责任在许多社会中正在逐渐消失,因此社会价值观和个人价值观之间的统一变得越来越不清楚,并且每个人对法律上允许的、社会上已接受的和伦理上可以接受的观念的理解也不再相同。

人的尊严

随着 AI 系统的决策越来越多地取代人类的决策,我们将变得越来越依赖于这些系统。能力的增强和对技术的依赖之间的差别很小。更重要的是，当人工智能系统决定着我们收到的信息，促使我们做出健康的选择，令我们观看某些节目并投票给给定的候选人时，我们将如何自主和自决？当“懂得更多”的系统与我们提出的选择相反时，我们如何证明自己的自主选择正确呢？

由于AI系统具有挖掘数据和做出决策的能力，并具有与用户交互的各种能力，因此即使目标是利于AI系统自己，AI系统也可能会干扰用户，使他们成为形式上的家长式雇主。在AI4People①工作组的最新报告中，描述了AI的主要风险。这些与人性以及自决权和自主权有关，包括贬低人的能力、消除人的责任和减少人的控制的危险[56]。

此外，通过解释较早的选择行为以及检查用户的目标和愿望，与更少知情、更依赖于情境和更短视的用户自己的决策相比，人工智能系统可以潜在地创建出更可靠的、更能反映用户长期计划的偏好配置。这就提出了几个问题，即使用户反对这种信息，是否也应该让这些信息指导AI与用户的交互，以及在何种情况下指导。

确保人类的自决权会影响辅助性AI系统的设计方式：以何种程度和条件对另一个人采取行动是正义的，例如限制自由，当这种行动并非应其要求，或者未经其同意，甚至违背了其表达的意愿？辅助性AI可以帮助用户，但在用户未请求或不同意的情况下提供帮助，可以说忽略了用户的自决权。

---

① AI4People是欧盟议会2018年2月启动的一个项目，是为研究AI带来的社会影响而建立的。——编者注

7.2.4 人工智能造福人类

除了AI可能带来的风险外,AI的影响将由其对人类福祉和生态社会可持续性的贡献来定义。人工智能造福人类的想法就是指这种愿景。为实现联合国可持续发展目标做出贡献是人工智能造福人类倡议的主要推动力。

人工智能造福人类项目还旨在扩大对AI的访问权限,特别是对于那些不太容易获得技术的地区和人口群体。针对发展中国家、少数民族和残疾人的倡议就是这类项目的例子。人工智能造福人类项目还包括使用AI技术解决环境问题、支持可持续农业以及促进低碳商业实践。人工智能还可以用来帮助农民、改善诊断、进行个性化学习或帮助难民找到工作。

尽管有许多促进人工智能造福人类的活动,并且致力于该主题的组织越来越多,但这些倡议大多数都是小型的和典型的。一种可能的前进方式是通过激励和推动来促使大公司将其部分工作转向造福人类的项目。

7.3 超级智能

这本书的结尾不能不谈谈超级智能的问题:假想机器具有超越最聪明、最有才华的人类的能力。这涉及一种不仅能够复制而且能够超越人类智能的机器(有时也称为"真正的AI")的开发。在这里引用卢西亚诺·弗洛里迪的话就足够了,他指出"真正的AI在逻辑上不是不可能的,但绝对是不会出现的"[54]。然而实际上我甚至对这样的系统的逻辑可能性都不是很确定。

人类一直致力于开发大规模的“超级自我”。飞机可以比我们更好地飞行，汽车甚至自行车可以比我们更快地移动，计算器可以比我们更好地计算平方根。从特定的角度来看，所有这些都是“超人”。然而，正如艾兹格·迪科斯彻（Edsger W. Dijkstra）所言：“计算机是否可以思考的问题跟潜水艇是否可以游泳的问题一样无趣。”

与其关注制造超级智能机器的可能性，不如讨论我们对它的感觉，以及从责任/伦理角度探讨：我们是否应该这样做，以及如果我们成功了，它意味着什么？在下文中，我将描述我对所有这些问题的看法。

首先，我们如何看待超级智能人工制品？甚至在我们思考是否可能以及是否应该建造这样的人工制品之前，我们对此的感觉就已经不同于我们对其他超人类人工制品的感受。是什么使智能不同于飞行或移动？我们毫无疑问地认识到，当我们谈论飞机飞行时，我们所指的动作与鸟类所采取的行动截然不同。即，人工飞行不同于自然飞行。同样，人工智能不同于自然智能。它将会并且实际上已经在许多任务上对我们起到补充作用，但这是与人类智能根本不同的现象。

我们也倾向于将智能和意识放在同一个盒子里。是什么使我们有意识？谁和什么是有意识的实体？新生婴儿？猴子？鸡？树木？石头？什么使机器有意识？想想在围棋比赛中，李世石被阿尔法狗（AlphaGo）击败的那一刻。大多数报纸都展示了李世石意识到自己将会失败的那一刻：无能为力、怀疑、悲伤，所有这些都是他意识的表达。在他旁边的是阿尔法狗,一台计算机。它不知道输赢意味着什么,实际上,它甚至不知道自己在玩游戏。它只是遵循指令并优化了一些实用程序功能。它有意识吗?

智能不仅与知识有关,而且与感觉、享受、推动极限有关。我经常跑马拉松。我毫不怀疑可以建造一个“跑步机器人”,但是它会体验并享受跑马拉松、克服痛苦并享受它的意义吗?

关于是否可能制造超级智能机器的问题,意见存在分歧。尽管许多顶尖学者都确信这种可能性,但并不是所有人都认同这种信念。支持超级智能可能性的主要论点之一是所谓的“教会-图灵假说”[34]。

简而言之,该论点指出,当且仅当数学函数可由图灵机(即通过操纵符号)计算时,该数学函数才是可计算的。这种抽象机器可以以类似的逻辑过程模拟任何计算机中发生的事情。的确如此,所有计算都有一个普遍核心,这意味着我们的大脑能够进行的任何计算都可以由机器进行模拟。因此,教会-图灵论点认为,人的智能可以通过机器来复制,但是对于超级智能不能如此实现。到目前为止,我们没有比图灵机更强大的模型可以解决图灵机无法解决的问题。但是,尚未证明人脑可以表示为图灵机。

但是,图灵机假定有无限的时间和资源可用于计算。而且,在经由电脑模拟的机器中此类计算的(高能的)成本可能太大,以致无法在可预见的将来使用我们现有的硬件来实际开发这种系统。

反对超级智能的另一个理由是它所理解的自然智能是幅度递增的、字面意义的、一维的线性图,正如尼克·博斯特罗姆在他的著作《超级智能》[20]中所描绘的那样。但是,智能不是一维的。它是多种类型和模式的认知的复合体,每种模式都是一个连续统一体。因此,如果不能成功地使机器在许多不同领域变得智能化,那么超级智能范式就可能会失败。也就是说,智能不是组合性的。换一种说法,即不是关于有限与无限,而是关于限制。例如,如果我跳出飞机,由于摩擦,我将达到极限速度。是否有类似的摩擦作用于智能?托比·沃尔什(Toby Walsh)在他的《思考的机器》一书中,讨论了更多反对超级智能的论点[133]。

而且,超级智能基于智能是无限的这一假设。然而,就科学而言,宇宙中没有哪一个物理维度是无限的。温度、空间、时间、速度都是有限的。只有数字的抽象概念是无限的。理所当然地,智能本身也将是有限的。

最后,存在一个问题,我们是否应该构建超级智能。当然。只要我们构建它是用于扩展我们的能力,以确保人类在可持续发展世界中的繁荣与幸福,就如同将我们的其他能力扩展到自我的超级版本一样。对超级智能的主要担心是,那些超级智能机器会排斥人类。但是,请记住,它们是我们制造的人工制品。我们需要负责任地构建AI的原因正是为了确保我们赋予机器的目标是我们真正需要的目标[103]。人工智能系统的目标始终与某些人类行为者联系起来(这就是为什么人类是责任主体)。此外,无论系统有什么目标,这些目标都不会“影响”系统;目标与系统的任何迫切的“需求”都没有联系,目标是被赋予系统的。因此,用玛格丽特·博登(Margaret Boden)的话来说,机器对统治人类毫无兴趣,它不会接手,因为它不在乎[15]。

此外，重要的是要记住，真正的智能不在于“赢”。它关系到社会技能、合作和对更好生活的贡献，关系到为了生存和繁荣而联合起来的力量。没有理由期望超级智能会有所不同。

另一方面，我们也可以说实际上实现超级智能很容易。它已经在这里了。它是所有人类和其他推理实体共同努力实现一个共同目标的综合智能。

或者我们可以问，这有关系吗？技术的最终目标是以可持续的方式改善我们所有人和环境的状况。只要动机是纯粹的，我们就有义务这样做，并且我们正在实现这一目标。这实际上结合了关于伦理的不同哲学观点，并将我们又带回到第3章。

7.4 负责任的人工智能

负责任的AI意味着AI系统的设计和实施应在不侵犯核心价值和人权的前提下，并能够敏感识别人类交互环境。尽管AI本身并不能免除个人对其行为和决策的责任，但AI系统日益复杂，这使得责任归属更加困难。因此，需要一种方法来明确责任并明确设计选择、数据和知识来源、过程以及利益相关者。

负责任的AI意味着必须将AI系统理解为复杂的社会技术系统的一部分。因此，需要一种经验/实验伦理方法，通过这种方法不仅可以从外部而且可以从AI实践内部塑造负责任的（或善的）AI。

负责任的AI意味着AI的设计、开发和使用必须纳入社会价值观以及道德和伦理考量，权衡不同文化背景下的不同利益相关者所持价值观的优先级，解释其推理并保证透明性。

负责任的AI不仅意味着对报告中某些符合伦理“选项”的勾选，开发某些附加功能，或者关闭AI系统的按钮。更重要的是，责任是自主的基础，也是AI研究与开发的核心立场之一。

总之，负责任的人工智能涉及的是按照人类的基本原则和价值观开发智能系统，以确保人类在可持续发展的世界中的繁荣和幸福的责任。

我期待着未来所有AI都是负责任的AI。

7.5 延伸阅读

本书提出了我对人工智能影响的观点。我的目的不是提出对未来的愿景，而是描述当前的发展，以及我们在确保AI将对人类福祉产生积极影响方面所面临的机遇与挑战。在过去的几年中，几位作者提出了一些有趣的、深刻的对未来的看法。参见以下内容：

- Tegmark M., *Life 3.0: Being Human in the Age of Artificial Intelligence* (New York: Knopf, 2017).
- Harari Y. N., *Homo Deus: A Brief History of Tomorrow* (New York: Random House, 2016).
- Walsh T., *Machines that Think: The Future of Artificial Intelligence* (New York: Prometheus Books, 2018).

参考文献

[1] Open Letter to the European Commission Artificial Intelligence and Robotics. https://g8fip1kplyr33r3krz5b97d1-wpengine. netdna-ssl.com/wp-content/uploads/2018/04/RoboticsOpenLetter.pdf, 2017.

[2] Adam, C., Cavedon, L., and Padgham, L. "Hello Emily, how are you today?": Personalised dialogue in a toy to engage children. In *Proceedings of the 2010 Workshop on Companionable Dialogue Systems* (2010), CDS'10, Association for Computational Linguistics, pp. 19 – 24.

[3] Aldewereld, H., Álvarez-Napagao, S., Dignum, F., and Vázquez-Salceda, J. Making norms concrete. In *9th International Conference on Autonomous Agents and Multiagent Systems (AAMAS 2010)* (2010), International Foundation for Autonomous Agents and Multiagent Systems, pp. 807 – 814.

[4] Aldewereld, H., Boissier, O., Dignum, V., Noriega, P., Padget, J. A., et al., Eds. *Social Coordination Frameworks for Social Technical Systems*. Springer, 2016.

[5] Aldewereld, H., Dignum, V., and Tan, Y. H. Design for values in software development. In *Handbook of Ethics, Values, and Technological Design: Sources, Theory, Values and Application Domains*, J. van den Hoven, P. E. Vermaas, and I. van de Poel, Eds.

Springer Netherlands, 2014, pp. 831 - 845.

[6] ALLEN, C., SMIT, I., AND WALLACH, W. Artificial morality: Top-down, bottom-up, and hybrid approaches. *Ethics and Information Technology* 7, 3 (2005), 149 - 155.

[7] ANDERSON, M., ANDERSON, S. L., AND ARMEN, C. Towards machine ethics. In *AAAI-04 Workshop on Agent Organizations: Theory and Practice*, pp. 53 - 59.

[8] ARMSTRONG, S., SANDBERG, A., AND BOSTROM, N. Thinking inside the box: Controlling and using an oracle AI. *Minds and Machines* 22, 4 (2012), 299 - 324.

[9] ARNOLD, T., AND SCHEUTZ, M. The "big red button" is too late: an alternative model for the ethical evaluation of AI systems. *Ethics and Information Technology* 20, 1 (Mar 2018), 59 - 69.

[10] AWAD, E., DSOUZA, S., KIM, R., SCHULZ, J., HENRICH, J., SHARIFF, A., BONNEFON, J., AND RAHWAN, I. The Moral Machine experiment. *Nature 563* (2018), 59 - 64.

[11] BARKER, C. *Cultural Studies: Theory and Practice*. Sage, 2003.

[12] BERREBY, F., BOURGNE, G., AND GABRIEL GANASCIA, J. Event-based and scenario-based causality for computational ethics. In *Proceedings of the 17th International Conference on Autonomous Agents and MultiAgent Systems*, *AAMAS* (2018), International Foundation for Autonomous Agents and Multiagent Systems, pp. 147 - 155.

[13] BINMORE, K. *Natural justice*. Oxford University Press, 2005.

[14] BJÖRKLUND, F. Differences in the justification of choices in moral dilemmas: Effects of gender, time pressure and dilemma seriousness. *Scandinavian Journal of Psychology* 44, 5 (2003), 459 - 466.

[15] BODEN, M. Robot says: Whatever. *Aeon Essays*, https://aeon.co/essays/the-robots-wont-take-over-because-they-couldnt-care-less (2018).

[16] BODEN, M., BRYSON, J., CALDWELL, D., DAUTENHAHN, K., EDWARDS, L., KEMBER, S., NEWMAN, P., PARRY, V., PEGMAN, G., RODDEN,

T., ET AL. Principles of robotics: regulating robots in the real world. *Connection Science* 29, 2 (2017), 124 - 129.

[17] BONNEFON, J.-F., SHARIFF, A., AND RAHWAN, I. The social dilemma of autonomous vehicles. *Science* 352, 6293 (2016), 1573 - 1576.

[18] BONNEMAINS, V., SAUREL, C., AND TESSIER, C. Embedded ethics: some technical and ethical challenges. *Ethics and Information Technology* 20, 1 (Mar 2018), 41 - 58.

[19] BORDINI, R. H., HÜBNER, J. F., AND WOOLDRIDGE, M. *Programming Multi-Agent Systems in AgentSpeak Using Jason*. John Wiley & Sons, 2007.

[20] BOSTROM, N. *Superintelligence: Paths, Dangers, Strategies*. Oxford University Press, 2014.

[21] BOSTROM, N., AND YUDKOWSKY, E. The ethics of artificial intelligence. *The Cambridge Handbook of Artificial Intelligence* (2014), 316 - 334.

[22] BRADSHAW, J. M., DIGNUM, V., JONKER, C., AND SIERHUIS, M. Human-agent-robot teamwork. *IEEE Intelligent Systems* 27, 2 (2012), 8 - 13.

[23] BRSTMAN, M. E. *Intentions, Plans, and Practical Reason*. CSLI, 1987.

[24] BRUNDAGE, M., AVIN, S., CLARK, J., TONER, H., ECKERSLEY, P., GARFINKEL, B., DAFOE, A., SCHARRE, P., ZEITZOFF, T., FILAR, B., ET AL. The malicious use of artificial intelligence: Forecasting, prevention, and mitigation. *arXiv preprint arXiv: 1802. 07228* (2018).

[25] BRYSON, J., AND WINFIELD, A. Standardizing ethical design for artificial intelligence and autonomous systems. *Computer* 50, 5 (May 2017), 116 - 119.

[26] BRYSON, J. J. Patiency is not a virtue: the design of intelligent systems and systems of ethics. *Ethics and Information Technology* 20, 1

(Mar 2018), 15 - 26.

[27] CASTELFRANCHI, C. Guarantees for autonomy in cognitive agent architecture. In *Intelligent Agents* (1995), M. J. Wooldridge and N. R. Jennings, Eds., vol. *890* of *Lecture Notes in Computer Science*, Springer, pp. 56 - 70.

[28] CAVAZZA, M., SMITH, C., CHARLTON, D., CROOK, N., BOYE, J., PULMAN, S., MOILANEN, K., PIZZI, D., DE LA CAMARA, R. S., AND TURUNEN, M. Persuasive dialogue based on a narrative theory: An ECA implementation. In *Persuasive Technology, Proceedings of the 5th International Conference on Persuasive Technology (PERSUASIVE'10)* (2010), vol. *6137* of *Lecture Notes in Computer Science*, Springer-Verlag, pp. 250 - 261.

[29] COINTE, N., BONNET, G., AND BOISSIER, O. Ethical judgment of agents' behaviors in multi-agent systems. In *Proceedings of the 2016 International Conference on Autonomous Agents and Multiagent Systems (AAMAS 2016)* (2016), International Foundation for Autonomous Agents and Multiagent Systems, pp. 1106 - 1114.

[30] CONITZER, V., SINNOTT-ARMSTRONG, W., BORG, J. S., DENG, Y., AND KRAMER, M. Moral decision making frameworks for artificial intelligence. In *Proceedings of the Twenty-Sixth International Joint Conference on Artificial Intelligence (IJCAI 2017)* (2017), pp. 4831 - 4835.

[31] CRANEFIELD, S., WINIKOFF, M., DIGNUM, V., AND DIGNUM, F. No pizza for you: Value-based plan selection in BDI agents. In *Proceedings of the Twenty-Sixth International Joint Conference on Artificial Intelligence (IJCAI 2017)* (2017), pp. 1 - 16.

[32] DAHL, R. *Democracy and its Critics*. Yale University Press, 1989.

[33] DASTANI, M. 2APL: a practical agent programming language. *Autonomous Agents and Multi-Agent Systems* 16, 3 (Jun 2008), 214 - 248.

[34] DAVIS, M. *The Undecidable: Basic Papers on Undecidable Propositions*,

Unsolvable Problems, and Computable Functions. Dover, 1965.

[35] DENIS, L., Ed. *Kant: The Metaphysics of Morals*. Cambridge University Press, 2017.

[36] DENNETT, D. C. *Freedom Evolves*. Viking, 2003.

[37] DENNIS, L. A., FISHER, M., AND WINFIELD, A. Towards verifiably ethical robot behaviour. In *Workshops at the Twenty-Ninth AAAI Conference on Artificial Intelligence* (2015).

[38] DIAS, J., MASCARENHAS, S., AND PAIVA, A. FAtiMA Modular: Towards an agent architecture with a generic appraisal framework. In *Emotion modeling*, T. Bosse, J. Broekens, J. Dias, and J. van der Zwaan, Eds., vol. *8750* of *Lecture Notes in Computer Science*. Springer, 2014, pp. 44 - 56.

[39] DIGNUM, V. *A model for organizational interaction: based on agents, founded in logic*. SIKS, 2004.

[40] DIGNUM, V. Responsible autonomy. In *Proceedings of the Twenty-Sixth International Joint Conference on Artificial Intelligence (IJCAI 2017)* (2017), pp. 4698 - 4704.

[41] DIGNUM, V. Ethics in artificial intelligence: introduction to the special issue. *Ethics and Information Technology* 20, 1 (Mar 2018), 1 - 3.

[42] DIGNUM, V., BALDONI, M., BAROGLIO, C., CAON, M., CHATILA, R., DENNIS, L., GENOVA, G., KLIESS, M., LOPEZ-SANCHEZ, M., MICALIZIO, R., PAVON, J., SLAVKOVIK, M., SMAKMAN, M., VAN STEENBERGEN, M., TEDESCHI, S., VAN DER TORRE, L., VILLATA, S., DE WILDT, T., AND HAIM, G. Ethics by design: necessity or curse? In *Proceedings of the 1st International Conference on AI Ethics and Society* (2018), ACM, pp. 60 - 66.

[43] DOMINGOS, P. *The Master Algorithm: How the Quest for the Ultimate Learning Machine Will Remake Our World*. Basic Books, 2015.

[44] DOYLE, J. The foundations of psychology: A logico-computational

inquiry into the concept of mind. In *Philosophy and AI: Essays at the Interface*, R. Cummins and J. Pollock, Eds. MIT Press, 1991, pp. 39 - 77.

[45] DREYFUS, H., DREYFUS, S. E., AND ATHANASIOU, T. *Mind over machine*. Simon and Schuster, 2000.

[46] DRYZEK, J. S., AND LIST, C. Social choice theory and deliberative democracy: a reconciliation. *British Journal of Political Science* 33, 1 (2003), 1 - 28.

[47] DWORK, C., HARDT, M., PITASSI, T., REINGOLD, O., AND ZEMEL, R. S. Fairness through awareness. In *Innovations in Theoretical Computer Science 2012* (2012), ACM, pp. 214 - 226.

[48] EISENHARDT, K. M. Agency theory: An assessment and review. *The Academy of Management Review* 14, 1 (1989), 57 - 74.

[49] ETZIONI, O. No, the experts don't think superintelligent AI is a threat to humanity. *MIT Technology Review* (2016).

[50] EUROPEAN PARLIAMENT. Motion for a European Parliament Resolution, with recommendations to the Commission on Civil Law Rules on Robotics. http://www. europarl. europa. eu/doceo/document/A-8-2017-0005_EN.html? redirect, 2017.

[51] FISHKIN, J. S. *When the People Speak: Deliberative Democracy and Public Consultation*. Oxford University Press, 2011.

[52] FITTS, P. M. Human engineering for an effective air-navigation and traffic-control system. *National Research Council, Committee on Aviation Psychology* (1951).

[53] FLORIDI, L. *The ethics of information*. Oxford University Press, 2013.

[54] FLORIDI, L. Should we be afraid of AI? *Aeon Essays*, https://aeon. co/essays/true-ai-is-both-logically-possible-and-utterly-implausible (2016).

[55] FLORIDI, L. Soft ethics and the governance of the digital. *Philosophy &*

Technology 31, 1 (Mar 2018), 1 - 8.

[56] FLORIDI, L., COWLS, J., BELTRAMETTI, M., CHATILA, R., CHAZERAND, P., DIGNUM, V., LUETGE, C., MADELIN, R., PAGALLO, U., ROSSI, F., SCHAFER, B., VALCKE, P., AND VAYENA, E. AI4People—an ethical framework for a good AI society: Opportunities, risks, principles, and recommendations. *Minds and Machines* 28, 4 (2018), 687 - 707.

[57] FLORIDI, L., AND SANDERS, J. On the morality of artificial agents. *Minds and Machines* 14, 3 (2004), 349 - 379.

[58] FOOT, P. The problem of abortion and the doctrine of double effect. *Oxford Review* 5 (1967), 5 - 15.

[59] FRANK, M. R., SUN, L., CEBRIAN, M., YOUN, H., AND RAHWAN, I. Small cities face greater impact from automation. *Journal of The Royal Society Interface* 15, 139 (2018).

[60] FRIEDMAN, B., KAHN, P. H., AND BORNING, A. Value sensitive design and information systems. *Advances in Management Information Systems* 6 (2006), 348 - 372.

[61] GARDNER, H. *Frames of Mind: The Theory of Multiple Intelligences*. Basic Books, 2011.

[62] GAVRILETS, S., AND VOSE, A. The dynamics of Machiavellian intelligence. *Proceedings of the National Academy of Sciences* 103, 45 (2006), 16823 - 16828.

[63] GIGERENZER, G. Moral satisficing: Rethinking moral behavior as bounded rationality. *Topics in Cognitive Science* 2, 3 (2010), 528 - 554.

[64] GOODRICH, M. A., AND SCHULTZ, A. C. Human-robot interaction: a survey. *Foundations and Trends in Human-Computer Interaction* 1, 3 (2007), 203 - 275.

[65] GOTTERBARN, D., BRUCKMAN, A., FLICK, C., MILLER, K., AND WOLF, M. J. ACM code of ethics: a guide for positive action. *Communications of the ACM* 61, 1 (2018), 121 - 128.

[66] GRAHAM, J., NOSEK, B., HAIDT, J., IYER, R., KOLEVA, S., AND DITTO, P. Mapping the moral domain. *Journal of Personality and Social Psychology* 101, 2 (2011), 366 - 385.

[67] GRICE, H. P. *Logic and conversation*. Academic Press, 1975.

[68] GROSSI, D., MEYER, J.-J. CH., AND DIGNUM, F. Counts-As: Classification or constitution? An answer using modal logic. In *Deontic Logic and Artificial Normative Systems: Proceedings of the Eighth International Workshop on Deontic Logic in Computer Science (DEON'06)* (2006), L. Goble and J.-J. Ch. Meyer, Eds., vol. *4048* of *Lecture Notes in Artificial Intelligence*, Springer-Verlag.

[69] GUNKEL, D. J. *Robot Rights*. MIT Press, 2018.

[70] GUNNING, D. Explainable Artificial Intelligence (XAI). https://www.darpa.mil/ program/explainable-artificial-intelligence, 2018.

[71] HARARI, Y. N. *Homo Deus: A Brief History of Tomorrow*. Random House, 2016.

[72] HELBING, D., FREY, B. S., GIGERENZER, G., HAFEN, E., HAGNER, M., HOFSTETTER, Y., VAN DEN HOVEN, J., ZICARI, R. V., AND ZWITTER, A. Will democracy survive big data and artificial intelligence? *Scientific American* https://www.scientificamerican.com/article/will-democracy-survive-big-data-and-artificial-intelligence/ (2017).

[73] HOFSTEDE, G. *Culture's Consequences: Comparing Values, Behaviors, Institutions and Organizations*. Sage, 2001.

[74] JENNINGS, N. R. Agent-oriented software engineering. In *Multiple Approaches to Intelligent Systems* (1999), I. Imam, Y. Kodratoff, A. El-Dessouki, and M. Ali, Eds., Springer, pp. 4 - 10.

[75] JENNINGS, N. R., AND WOOLDRIDGE, M. J. *Agent Technology: Foundations, Applications, and Markets*. Springer Science & Business Media, 1998.

[76] Jones, A., and Sergot, M. On the characterization of law and computer systems. In *Deontic Logic in Computer Science: Normative System Specification* (1993), J.-J. Meyer and R. Wieringa, Eds., Wiley, pp. 275 - 307.

[77] Kim, R., Kleiman-Weiner, M., Abeliuk, A., Awad, E., Dsouza, S., Tenenbaum, J., and Rahwan, I. A Computational Model of Commonsense Moral Decision Making. In *AAAI/ACM Conference on Artificial Intelligence, Ethics and Society (AIES)* (2018), ACM, pp. 197 - 203.

[78] Klenk, M., Molineaux, M., and Aha, D. W. Goal-driven autonomy for responding to unexpected events in strategy simulations. *Computational Intelligence* 29, 2 (2012), 187 - 206.

[79] Kuipers, B. How can we trust a robot? *Commun. ACM* 61, 3 (Feb. 2018), 86 - 95.

[80] Kurzweil, R. *The Singularity is Near: When Humans Transcend Biology*. Penguin, 2005.

[81] Langley, P. The changing science of machine learning. *Machine Learning* 82, 3 (Mar 2011), 275 - 279.

[82] Le, Q. V., Monga, R., Devin, M., Corrado, G., Chen, K., Ranzato, M., Dean, J., and Ng, A. Y. Building high-level features using large scale unsupervised learning. *CoRR abs/1112.6209* (2011).

[83] LeCun, Y., Bengio, Y., and Hinton, G. Deep learning. *Nature* 521, 7553 (2015), 436 - 444.

[84] Li, W., Sadigh, D., Sastry, S., and Seshia, S. Synthesis for human-in-the-loop control systems. In *Tools and Algorithms for the Construction and Analysis of Systems: 20th International Conference, (TACAS 2014)*, E. Ábrahám and K. Havelund, Eds., vol. *8413* of *Lecture Notes in Computer Science*. Springer, 2014, pp. 470 - 484.

[85] Malle, B. F. Integrating robot ethics and machine morality: the study

and design of moral competence in robots. *Ethics and Information Technology* 8, 4 (2016), 243 - 256.

[86] MALLE, B. F., SCHEUTZ, M., ARNOLD, T., VOIKLIS, J., AND CUSIMANO, C. Sacrifice one for the good of many?: People apply different moral norms to human and robot agents. In *Proceedings of the Tenth Annual ACM/IEEE International Conference on Human-Robot Interaction* (2015), HRI'15, ACM, pp. 117 - 124.

[87] MCCARTHY, J., MINSKY, M. L., ROCHESTER, N., AND SHANNON, C. E. A proposal for the Dartmouth summer research project on Artificial Intelligence, August 31, 1955. *AI Magazine* 27, 4 (2006), 12 - 14.

[88] MCDERMOTT, D. Artificial Intelligence and Consciousness. In *The Cambridge Handbook of Consciousness*, P. Zelazo, M. Moscovitch, and E. Thompson, Eds. 2007, pp. 117 - 150.

[89] MICELI, M., AND CASTELFRANCHI, C. A cognitive approach to values. *Journal for the Theory of Social Behaviour* 19, 2 (1989), 169 - 193. doi: 10.1111/j.1468 - 5914.1989. tb00143.x.

[90] MICHALSKI, R. S., CARBONELL, J. G., AND MITCHELL, T. M. *Machine Learning: An Artificial Intelligence Approach*. Springer Science & Business Media, 1983.

[91] MILL, J. *Utilitarianism*. Oxford University Press, 1998.

[92] MILLER, T. Explanation in artificial intelligence: Insights from the social sciences. *Artificial Intelligence 267* (2019), 1 - 38.

[93] MISENER, J., AND SHLADOVER, S. Path investigations in vehicle-roadside cooperation and safety: A foundation for safety and vehicle-infrastructure integration research. In *Intelligent Transportation Systems Conference, 2006* (2006), IEEE, pp. 9 - 16.

[94] MODGIL, S., AND PRAKKEN, H. A general account of argumentation with preferences. *Artificial Intelligence* 195 (2013), 361 - 397.

[95] NASS, C., AND MOON, Y. Machines and mindlessness: Social

responses to computers. *Journal of Social Issues* 56, 1 (2002), 81 - 103.

[96] NOOTHIGATTU, R., GAIKWAD, S. N. S., AWAD, E., DSOUZA, S., RAHWAN, I., RAVIKUMAR, P., AND PROCACCIA, A. D. A voting-based system for ethical decision making. *CoRR abs/1709.06692* (2017).

[97] O'NEILL, C. *Weapons of Math Destruction: How Big Data Increases Inequality and Threatens Democracy*. Crown, 2016.

[98] PEDRESCHI, D., RUGGIERI, S., AND TURINI, F. Discrimination-aware data mining. In *Proceedings of the 14th ACM SIGKDD International Conference on Knowledge Discovery and Data Mining* (2008), pp. 560 - 568.

[99] PICARD, R. W. Affective Computing: Challenges. *International Journal of Human-Computer Studies* 59, 1 - 2 (2003), 55 - 64.

[100] RAHWAN, I. Society-in-the-loop: programming the algorithmic social contract. *Ethics and Information Technology* 20, 1 (Mar 2018), 5 - 14.

[101] ROKEACH, M. Rokeach Values Survey. In *The Nature of Human Values*, M. Rokeach, Ed. The Free Press, 1973.

[102] ROYAKKERS, L., AND ORBONS, S. Design for Values in the armed forces: nonlethal weapons and military robots. In *Handbook of Ethics, Values, and Technological Design: Sources, Theory, Values and Application Domains*, J. van den Hoven, P. E. Vermaas, and I. van de Poel, Eds. Springer, 2015, pp. 613 - 638.

[103] RUSSELL, S. Should we fear supersmart robots? *Scientific American 314*, 6 (2016), 58 - 59.

[104] RUSSELL, S., AND NORVIG, P. *Artificial Intelligence: A Modern Approach*, 3rd ed. Pearson Education, 2009.

[105] RUTTKAY, Z., AND PELACHAUD, C., Eds. *From Brows to Trust: Evaluating Embodied Conversational Agents*. Springer Science & Business Media, 2004.

[106] SCHOFIELD, P., Ed. *The Collected Works of Jeremy Bentham: An Introduction to the Principles of Morals and Legislation*. Clarendon Press, 1996.

[107] SCHWARTZ, S. A theory of cultural value orientations: Explication and applications. *Comparative sociology* 5, 2 (2006), 137 - 182.

[108] SCHWARTZ, S. An overview of the Schwartz theory of basic values. *Online Readings in Psychology and Culture* 2, 1 (2012). doi: 10.9707/2307-0919.1116.

[109] SEARLE, J. *The Construction of Social Reality*. Simon and Schuster, 1995.

[110] SEARLE, J. R. Minds, brains, and programs. *Behavioral and Brain Sciences* 3, 3 (1980), 417 - 424.

[111] SERRAMIA, M., LOPEZ-SANCHEZ, M., RODRIGUEZ-AGUILAR, J. A., RODRIGUEZ, M., WOOLDRIDGE, M., MORALES, J., AND ANSOTEGUI, C. Moral values in norm decision making. In *Proceedings of the 17th International Conference on Autonomous Agents and MultiAgent Systems (AAMAS 2018)* (2018), International Foundation for Autonomous Agents and Multiagent Systems, pp. 1294 - 1302.

[112] SHARKEY, A. Can robots be responsible moral agents? And why should we care? *Connection Science* 29, 3 (2017), 210 - 216.

[113] SHAW, N. P., STÖCKEL, A., ORR, R. W., LIDBETTER, T. F., AND COHEN, R. Towards provably moral AI agents in bottom-up learning frameworks. In *2018 AAAI Spring Symposium Series* (2018), pp. 69 - 75.

[114] SINNOTT-ARMSTRONG, W. *Moral Dilemmas*. Wiley Online Library, 1988.

[115] STERNBERG, R. J. A model for ethical reasoning. *Review of General Psychology* 16, 4 (2012), 319 - 326.

[116] STONE, P., BROOKS, R., BRYNJOLFSSON, E., CALO, R., ETZIONI, O., HAGER, G., HIRSCHBERG, J., KALYANAKRISHNAN, S., KAMAR, E.,

KRAUS, S., LEYTON-BROWN, K., PARKES, D., PRESS, W., SAXENIAN, A., SHAH, J., TAMBE, M., AND TELLER, A. Artificial Intelligence and Life in 2030: One Hundred Year Study on Artificial Intelligence: Report of the 2015 - 2016 Study Panel. https://ai100.stanford.edu/2016-report, 2016.

[117] TADDEO, M. The limits of deterrence theory in cyberspace. *Philosophy & Technology* 31, 3 (2018), 339 - 355.

[118] TEGMARK, M. *Life 3.0: Being Human in the Age of Artificial Intelligence*. Knopf, 2017.

[119] TREWAVAS, A. Green plants as intelligent organisms. *Trends in Plant Science* 10, 9 (2005), 413 - 419.

[120] TURING, A. Computing machinery and intelligence. *Mind* 59, 236 (1950), 433 - 460.

[121] VAMPLEW, P., DAZELEY, R., FOALE, C., FIRMIN, S., AND MUMMERY, J. Human-aligned artificial intelligence is a multiobjective problem. *Ethics and Information Technology* 20, 1 (Mar 2018), 27 - 40.

[122] VAN DE POEL, I. Translating values into design requirements. In *Philosophy and Engineering: Reflections on Practice, Principles and Process*, D. Michelfelder, N. McCarthy, and D. Goldberg, Eds. Springer Netherlands, 2013, pp. 253 - 266.

[123] VAN DE POEL, I. An ethical framework for evaluating experimental technology. *Science and Engineering Ethics* 22, 3 (Jun 2016), 667 - 686.

[124] VAN DEN HOVEN, J. Design for values and values for design. *Information Age, Journal of the Australian Computer Society* 7, 2 (2005), 4 - 7.

[125] VAN DEN HOVEN, J. ICT and value sensitive design. In *The Information Society: Innovation, Legitimacy, Ethics and Democracy. In honor of Professor Jacques Berleur S.J.*, P. Goujon, S. Lavelle, P. Duquenoy, K. Kimppa, and V. Laurent, Eds., vol.

233 of *IFIP International Federation for Information Processing*. Springer, 2007, pp. 67 – 72.

[126] VAN WYNSBERGHE, A., AND ROBBINS, S. Critiquing the reasons for making artificial moral agents. *Science and Engineering Ethics* (2018), 1 – 17.

[127] VÁZQUEZ-SALCEDA, J., ALDEWERELD, H., GROSSI, D., AND DIGNUM, F. From human regulations to regulated software agents' behaviour. *Journal of Artificial Intelligence and Law* 16 (2008), 73 – 87.

[128] VERDIESEN, I., DIGNUM, V., AND VAN DEN HOVEN, J. Measuring moral acceptability in e-deliberation: A practical application of ethics by participation. *ACM Transactions on Internet Technology* (*TOIT*) 18, 4 (2018), 43.

[129] VERUGGIO, G., AND OPERTO, F. Roboethics: A bottom-up interdisciplinary discourse in the field of applied ethics in robotics. *International Review of Information Ethics* 6, 12 (2006), 2 – 8.

[130] VINGE, V. Technological singularity. In *VISION-21 Symposium sponsored by NASA Lewis Research Center and the Ohio Aerospace Institute* (1993), pp. 30 – 31.

[131] VON SCHOMBERG, R. A vision of responsible innovation. In *Responsible Innovation*, R. Owen, M. Heintz, and J. Bessant, Eds. John Wiley, 2013, pp. 51 – 74.

[132] WALLACH, W., AND ALLEN, C. *Moral Machines: Teaching Robots Right from Wrong*. Oxford University Press, 2008.

[133] WALSH, T. *Machines that Think: The Future of Artificial Intelligence*. Prometheus Books, 2018.

[134] WINIKOFF, M. Towards Trusting Autonomous Systems. In *Fifth Workshop on Engineering Multi-Agent Systems* (*EMAS*) (2017).

[135] WINIKOFF, M., DIGNUM, V., AND DIGNUM, F. Why bad coffee? Explaining agent plans with valuings. In *International Conference on Computer Safety, Reliability, and Security* (2018), B. Gallina, A.

Skavhaug, E. Schoitsch, and F. Bitsch, Eds., vol. 11094 of *Lecture Notes in Computer Science*, Springer, pp. 521 - 534.

[136] WOOLDRIDGE, M. *An Introduction to Multiagent Systems*. John Wiley & Sons, 2009.

[137] WOOLDRIDGE, M., AND JENNINGS, N. R. Intelligent agents: theory and practice. *The Knowledge Engineering Review* 10, 2 (1995), 115 - 152.